"十三五"高等职业教育系列教材

Dreamweaver CS6
网页设计与制作

主　编　刘红梅　高　倩

副主编　张文静　王欣惠　陈　辉

编　写　胡晓凤　徐红升　张东圆　耿文波

主　审　李　悦

中国电力出版社
CHINA ELECTRIC POWER PRESS

内 容 提 要

本书从网站设计实例出发，通过大量实际应用案例，由浅入深、循序渐进地介绍了使用 Dreaweaver CS6 进行网页设计和应用技巧。本书案例可操作性强，并注意突出案例的实用性和完整性，能够给读者以启发。

全书共分为九个项目，内容包括网页设计知识初探、认识 Dreamweaver CS6、使用 HTML 制作简单网页、使用 Dreamweaver CS6 制作基本网页、超级链接与页面导航、网页布局、模板和库的使用、网页特效制作及企业网站设计。本书内容由浅入深、实例难度由低到高，每个项目后给出相关知识习题，帮助读者边学、边用、边练。

本书可作为高职高专院校各专业的网页设计课教学用书，也可供各类计算机培训机构、从业人员和爱好者参考使用。

图书在版编目（CIP）数据

Dreamweaver CS6 网页设计与制作 / 刘红梅，高倩主编. —北京：中国电力出版社，2016.1（2023.5重印）
"十三五"高等职业教育规划教材
ISBN 978-7-5123-8248-0

Ⅰ. ①D… Ⅱ. ①刘… ②高… Ⅲ. ①网页制作工具－高等职业教育－教材 Ⅳ. ①TP393.092

中国版本图书馆 CIP 数据核字（2015）第 215550 号

中国电力出版社出版、发行

（北京市东城区北京站西街 19 号 100005 http://www.cepp.sgcc.com.cn）
三河市百盛印装有限公司印刷
各地新华书店经售

*

2016 年 1 月第一版 2023 年 5 月北京第十次印刷
787 毫米×1092 毫米 16 开本 12 印张 287 千字
定价 **36.00** 元

前　　言

随着计算机的普及和网络技术的日益成熟，网络在各个领域改变着人们的工作、学习和生活方式。人们足不出户可以进行网上购物、查询各类信息、在微博上展现图片和文字……这些都与网页设计与制作有着密切的联系。

随着软件版本的不断升级，网页设计的功能也进一步完善。本书通过当前最新版本Dreaweaver CS6，讲述了网页制作与网站建设的相关知识。掌握网页设计与制作的基本操作方法，提升网站建设的应用能力，已经成为培养高素质人才的重要组成部分。

本书为项目式"教、学、做一体化"教材，充分考虑了教师和学生的实际需求。全书分为九个项目，每个项目通过典型任务来讲解基本操作和应用技巧，项目由若干个任务组成，每个任务都与实际应用相联系；贯彻够用和实用原则，注重实用性和技能性，每个任务都有具体的实施步骤。学生在完成任务的过程中学习、体会理论知识，同时扎实的理论知识又为实际操作奠定坚实的基础，学生每完成一项任务就会有成就感，大大提高了学生的学习兴趣。

每个项目由以下几个主要部分组成：

● 相关知识：讲解完成相应任务需要用到的主要知识点。

● 任务分析：说明任务的情境及完成要求。

● 任务实施：将精心准备的任务逐步做出来。任务的实施步骤连贯，做到关键步骤时，会及时提醒学生应注意的问题。

● 任务拓展：任务拓展中给出了具体的操作步骤，便于学生自学与提高。

● 项目总结：在每个单元的任务完成后，教师要引导学生进行总结，建议教师再找一些同类的实例进行简单分析，以拓展学生的思路。

● 自我评测：在每个项目结束后都准备了一组练习题，包括理论知识和实际操作题型，用以检验学生的学习效果。

本书实例丰富，学习指导性强，对提高读者的网页设计和应用能力很有帮助，适合作为各类高职高专院校的网页设计与制作课程教材，也可供各类计算机应用培训班的读者使用。

本书由刘红梅指导，高倩进行编写统筹。项目一、二由张文静编写，项目三、四由王欣惠编写，项目五由高倩编写，项目六由陈辉编写，项目七、八、九由胡晓凤、徐红升、张东圆、耿文波共同编写。本书由李悦主审。

限于作者水平，本书难免存在疏漏之处，敬请各位读者指正。

编　者

2015 年 9 月

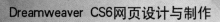
目　录

项目一　网页设计知识初探

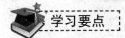 学习要点

（1）熟悉网站及网页设计的相关基本知识。
（2）了解网页设计制作的常用工具。
（3）掌握网站建设的基本方法和流程。

任务一　我的第一个网站

通过本任务的学习，达到了解网站基本概念、网站相关元素的关系、网站工作原理等基础知识的目的。

任务分析

本任务中制作一个最为简单的网页，只包含文本这一网页元素，需要将文本的格式稍作设置，文本格式设为 6 号、蓝色、宋体、加粗，文本内容为"我的第一个网站！"，网页标题设为"欢迎访问"，网站效果如图 1-1 所示。

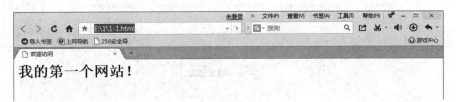

图 1-1　网站效果

相关知识

1. 网页和网站

（1）网页。网页是 Internet 中最基本的信息单位，是由 HTML（Hyper Text Markup Language，超文本标识语言）或者其他语言编写的，通过浏览器编译后供用户获取信息的页面，它又称为 Web 页，其中可包含文字、图像、表格、动画和超级链接等各种网页元素。网页又是构成网站的基本元素，网站被打开时首先看到的就是网站的主页（或首页），主页就是网站默认的网页。对于网站来说主页的设计更为重要，美观和实用的主页更能够吸引浏览者的兴趣，图 1-2 所示为某学校网站的主页。

通常我们看到的网页，都是以 htm 或 html 后缀结尾的文件，俗称 HTML 文件。不同的后缀，分别代表不同类型的网页文件，例如以 CGI、ASP、PHP、JSP 等结尾的还有很多。

图 1-2   某学校网站首页

网页又分为静态网页和动态网页两种。

静态网页使用 HTML 语言，每个网页都有一个固定的 URL（Uniform Resource Locators，统一资源定位符，是网页的网址），以.htm、.html、.shtml 等常见形式为后缀，静态网页中包含 HTML 标记、脚本以及一些图像、文本、flash 等网页元素。静态网页的交互性较差，在功能方面有较大的限制。在静态网页上，也可以出现各种动态的效果，如 gif 格式的动画、flash、滚动字幕等，这些"动态效果"只是视觉上的，与下面将要介绍的动态网页是不同的概念。

动态网页是指与静态网页相对的一种网页编程技术，以.aspx、.asp、.jsp、.php、.perl、.cgi 等形式为后缀。随着 HTML 代码生成，静态网页页面的内容和显示效果就基本不会发生变化了——除非修改页面代码。而动态网页则不然，页面代码虽然没有变，但是显示的内容却是可以随着时间、环境或者数据库操作的结果而发生改变的，可与后台数据库交互，实现用户注册、登录、聊天、留言等功能。

（2）网站。网站就是一个或多个网页的集合。从广义上讲，网站就是当网页发布到 Internet

上以后，能通过浏览器在 Internet 上访问的页面。网站从用途上可以划分为以下四类：门户网站、职能网站、专业网站和个人网站。

1）门户网站是指通向某类综合性互联网信息资源并提供有关信息服务的应用系统，主要提供新闻、搜索引擎、网络接入、聊天室、电子公告牌（BBS）、免费邮箱、电子商务、网络社区、网络游戏、免费网页空间等。在我国，典型的门户网站有新浪网、网易和搜狐网等，如图 1-3 所示为搜狐网主页。

图 1-3　搜狐网主页

2）职能网站就是为某一特定功能或服务而建立的网站，例如政府部门网站、腾讯官方网站、手机网站等，图 1-4 所示为联想官方网站。

图 1-4　联想官方网站

3）专业网站是以某一特定主题为内容建设的网站，例如医药、汽车、摄影等，图 1-5 所示为某摄影网站主页。

图 1-5 某摄影网站主页

4）个人网站是指个人根据自己的喜好而创建的网站，旨在宣传介绍自己的兴趣、爱好，充分体现了个人的特征和品位。个人网站包括博客、个人论坛、个人主页等，图 1-6 所示为个人网站主页。

图 1-6 个人网站主页

📖 延伸阅读

网页布局、网站风格设计是网页设计师运用自己所拥有的手段，包括审美素质、应用软件的能力，以及感受生活的敏锐的觉察力，来建立起自己独特的设计形式和风格及与众不同的布局形式。

作为一个网页设计师，要体现自己的网站设计风格，但这种风格不能背离人们的现实太远，这个现实就是人们习惯了的网页的布局，虽然经过长期的努力可能会使这种局面得以改观，但是在目前的情况下，如果一味地追求自己的风格则会严重地脱离用户。做网页首先应该考虑网络用户的使用，如果自己的网页在很多方面同目前已形成的习惯的编排方式不大相同，则用户使用起来就会感到很不方便，这样就得不到用户的支持，因此这样的设计是失败的。图 1-7 所示为古建筑网站首页。

图 1-7 古建筑网站首页

在网页设计中，如果设计出的页面风格千篇一律，则是一个失败的作品，而设计师也是一名失败的网页设计师。一个网页设计师在工作中要接触到许许多多、各式各样的网页设计，在这个过程中设计师能够形成并保持自己的风格固然可贵，但是如果想取得更大的成绩就必须要实现一种超越，在自己最熟悉的网站风格设计的基础上能够寻求突破，这是最难能可贵的。

2．Web 相关术语

（1）服务器与浏览器。

1）服务器指一个管理资源并为用户提供服务的计算机软件，通常分为文件服务器、数据库服务器和应用程序服务器。运行以上软件的计算机或计算机系统也被称为服务器。一般我们将运行网站程序的服务器称为 Web 服务器。

2）浏览器是一个显示网站服务器或文件系统内的文件，并让用户与这些文件交互的一种应用软件，是最常用的客户端程序。它用来显示在万维网或局域网等内的文字、图像及其他信息。这些文字或图像，可以是连接其他网址的超级链接，用户可迅速及轻易地浏览各种信息。目前常用的浏览器有微软的 Internet Explorer、Mozilla 的 Firefox、Google 的 Chrome、苹果公司的 Safari 和 Opera 软件公司的 Opera 等。

（2）万维网（WWW）是 World Wide Web 的中文简称，也称为 3W 网，它的本质是一种基于超级文本技术的交互式信息浏览检索工具，是 Internet 提供的应用最普及、功能最丰富、使用方法最简便的信息服务，用户可通过它在 Internet 上浏览、编辑、传递超文本格式的文件（即.html 格式文件）。万维网基于三个机制向用户提供资源，这三个机制为：

1）协议：协议是一组标准规则，用于实现通信信道发送信息所需的数据表示、信号发送、身份验证及错误检测，访问 Web 上的资源时都需要遵循这些规则。万维网使用的是 http（Hyper Text Transfer Protocol，超文本传输协议）。

2）地址：万维网采用统一命名方案来访问 Web 上的资源。URL 用于标识 Web 上的页面和资源。

每个 URL 由 3 部分组成，如下所示：

➢ 用于通信的协议。

➢ 与之通信的主机（服务器）。

➢ 服务器上资源的路径（例如其文件名）。

示例：http://www.java.sun.com/index.html。表 1-1 为 URL 组成。

表 1-1   URL   组   成

协议	主机	路径
http	www.java.sun.com	index.html

3）HTML：用于创建网页文件。HTML 文档是使用 HTML 标记和元素创建的，此文件以扩展名.htm 或.html 保存在 Web 服务器上。

当使用浏览器请求获得某些信息时，Web 服务器将对该请求做出响应。它将请求的信息以网页的形式发送至浏览器。浏览器对服务器发来的信息进行格式化，然后显示这些信息。

温 馨 提 示

HTML 文档是由 HTML 命令组成的描述性文本，可以包含文字、图像、动画、声音、表格、链接等元素，其结构主要由头部和主体两大部分组成，其中头部描述了浏览器所需的一些信息，而主体则包含了网页的具体内容。HTML 是通过标记将网页元素组织在一起的，标记由一对"＜＞"构成，一般情况下这些标记都是成对出现的，需要有对应的结束标记"＜/＞"，基本的 HTML 代码结构如下：

```
<html>
<head>
<title>网页标题</title>
</head>
<body>
页面主体内容可以包含文本、图像、动画等元素。
</body>
</html>
```

任务实施

（1）新建文件，"开始"→"程序"→"附件"→"记事本"中打开"记事本"程序。
（2）在记事本文件中输入如图 1-8 所示的代码。

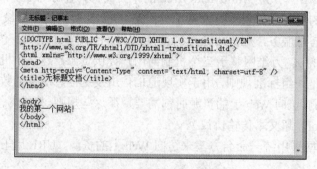

图 1-8 "我的第一个网站"代码

（3）在记事本中依次选择"文件"→"另存为"命令，弹出"另存为"对话框如图 1-9 所示，在文件名文本框中输入文件名称；在保存类型文本框中选择文件保存格式；设置文件保存路径；最后点击保存按钮，完成"保存"操作。

图 1-9　"另存为"对话框

（4）在保存路径中打开 index.html 文件，效果如图 1-1 所示。

任务拓展

修改文件代码，将文字颜色改为红色，字体大小改为 8 号，字体为黑体。

任务二　使用网页编辑器制作网页

设计网页时可以使用"所见即所得"的网页编辑软件和"非所见即所得"的软件来完成，任务一中采用了"非所见即所得"的工具即记事本，本任务采用"所见即所得"的工具即 Dreamweaver CS6 来实现。

任务分析

本任务利用 Dreamweaver CS6 设计一个简单的网页，网页标题为"我的主页"，内容为"使用网页制作工具制作网页"，利用 Dreamweaver CS6 设计的网页的效果如图 1-10 所示。

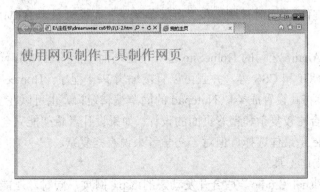

图 1-10　利用 Dreamweaver CS6 设计的网页的效果

相关知识

1. 常用的网页制作工具

按照难易程度常用的网页制作工具分为以下三类:

(1) 初级网页制作工具。

1) 记事本、Ultra Edit 等,主要用于初学者以及静态网页制作,编写 html、css、s/vs 等文档,但因其不是"所见即所得"的软件,并且不支持程序的调试,所以在使用上有一定局限性。

2) FrontPage。使用 FrontPage 制作网页,可以真正体会到"功能强大,简单易用"的含义。页面制作由 FrontPage 中的 Editor 完成,其工作窗口由 3 个标签页组成,分别是"所见即所得"的编辑页,HTML 代码编辑页和预览页。FrontPage 带有图形和 gif 动画编辑器,支持 CGI (Common Gateway Interfac,公共网关接口)和 CSS (Cascading Style Sheet,层叠样式表),向导和模板都能使初学者在编辑网页时感到更加方便。

FrontPage 最强大之处是其站点管理功能。在更新服务器上的站点时,不需要创建更改文件的目录,FrontPage 会为你跟踪文件并拷贝新版本文件。FrontPage 是现有网页制作软件中惟一既能在本地计算机上工作,又能通过 Internet 直接对远程服务器上的文件进行工作的软件。

3) Netscape。使用 Netscape 浏览器显示网页时,单击"编辑"按钮,Netscape 就会将网页存储在硬盘中,然后就可以开始编辑。Netscape 与 FrontPage 有些相像,但是,Netscape 编辑器对复杂的网页设计会显得功能有限,甚至不支持表单创建、多框架创建。

Netscape 编辑器是网页制作初学者很好的入门工具。如果所设计的网页主要是由文本和图片组成的,Netscape 编辑器将是一个轻松的选择。在对 HTML 语言有所了解的基础上,能够使用 Notepad 或 Ultra Edit 等文本编辑器来编写少量的 HTML 语句,也可以弥补 Netscape 编辑器的一些不足。

(2) 中级网页制作工具。

1) Dreamweaver。Dreamweaver 是世界顶级软件厂商 Adobe 推出的一套拥有可视化编辑界面,用于制作并编辑网站和移动应用程序的网页设计软件。由于它支持代码、拆分、设计、实时视图等多种方式来创作、编写和修改网页,对于初级人员而言可以无需编写任何代码就能快速创建 Web 页面。其成熟的代码编辑工具更适用于 Web 开发高级人员的创作。

Dreamweaver CS6 新版本使用了自适应网格版面创建页面,在发布前使用多屏幕预览审阅设计,可大大提高工作效率,改善的 FTP (File Transfer Protocol,超文本传输协议)性能,更高效地传输大型文件。"实时视图"和"多屏幕预览"面板可呈现 HTML5 代码,更能够随时检查自己的工作。

2) HomeSite。Allaire 公司的 HomeSite 是一个小巧而全能的 HTML 代码编辑器,有丰富的帮助功能,支持 CGI 和 CSS 等,并且可以直接编辑 Perl 程序。HomeSite 工作界面繁简由人,根据习惯,可以将其设置成类似 Notepad 的简单编辑窗口,也可以在复杂的界面下工作。

HomeSite 更适合比较复杂和精彩页面的设计。如果设计者希望能完全控制自己制作的页面的进程,HomeSite 是最佳选择,但对于初学者来说有些复杂。

(3) 高级网页制作工具。

1) Microsoft Visual Studio,适合开发动态的 aspx 网页,同时,还能制作无刷新网站、WebService 功能等,仅适合高级用户。Microsoft Visual Studio 内置有 VB.net、VC++.net、C#

等程序开发工具,集程序调试、编译等功能于一身,并且可提供详细的帮助,是一款功能强大的动态网页开发工具。但是其本身带有的部件太多,需要计算机有较高的配置,否则会影响开发的速度。

2)企业级工作平台(My Eclipse Enterprise Workbench,简称 MyEclipse)是对 EclipseIDE 的扩展,利用它可以在数据库和 J2EE 开发、发布,以及在应用程序服务器的整合方面极大地提高工作效率。它是功能丰富的 J2EE 集成开发环境,包括了完备的编码、调试、测试和发布功能,完整支持 HTML、Struts、JSF、CSS、JavaScript、SQL、Hibernate,我们通过 JSP 技术可以轻松实现动态网站。

2. 网页设计辅助工具

(1)flash 是用在互联网上动态的、可互动的 Shockwave。它的优点是体积小,可边下载边播放,这样就避免了用户长时间的等待,可以用其生成动画,还可在网页中加入声音。flash 虽然不可以像一门语言一样进行编程,但用其内置的语句结合 JavaScript,也可做出互动性很强的主页。网页中需要的动画可通过该软件进行制作。

(2)Photoshop 是世界顶尖级的图像设计与制作工具软件。在网页设计中图像的处理离不开 Photoshop 的帮助。

任务实施

(1)打开 Dreamweaver CS6,如图 1-11 所示。

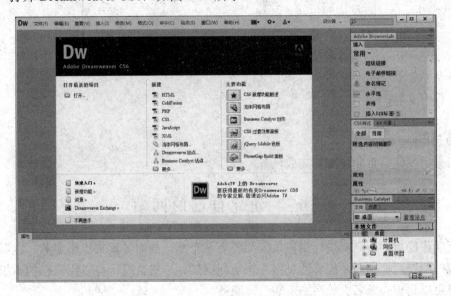

图 1-11　Dreamweaver CS6 主界面

(2)在打开的 Dreamweaver CS6 界面上选择建立 HTML 文档。

(3)在软件中的"设计"视图,在标题框中输入"我的主页",在文档空白处输入"使用网页制作工具制作网页"。

(4)选择文本,单击"页面属性"按钮,弹出"页面属性"对话框,选择"页面字体"→"编辑字体列表"命令,在"编辑字体列表"对话框中选择"黑体",如图 1-12 所示。

(5)在页面属性中将字号设为"36px",颜色设为绿色,字型设为加粗,如图 1-13 所示,单击"确定"按钮退出。

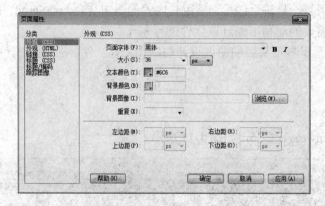

图 1-12 设置字体

图 1-13 设置字体样式

（6）保存文件。

任务拓展

练习采用其他网页制作工具完成任务二。

任务三 建立自己的网站

网页制作好后，用户要进行浏览，因此要有一个专门的服务器来提供服务，在服务器上进行相应的配置后，用户才能够通过网络来访问网站，一般情况下可以用自己的本机作为服务器，也可以到相关域名服务网站上购买该服务。

任务分析

在本地使用 IIS 配置 Web 服务器，将任务一中的网页作为网站主页访问。

相关知识

1. IIS

IIS（Internet Information Services，互联网信息服务）是由微软公司提供的基于运行

Microsoft Windows 的互联网基本服务。

2. Apache

Apache HTTP Server（简称 Apache）是 Apache 软件基金会的一个开放源码的网页服务器，可以在大多数计算机操作系统中运行，由于其跨平台性和安全性高被广泛使用，是最流行的 Web 服务器端软件之一。

3. IP 地址和域名

IP 是英文 Internet Protocol 的缩写，意思是"网络之间互联的协议"，即为计算机网络相互连接进行通信而设计的协议。在 Internet 中，它是能使连接到网上的所有计算机网络实现相互通信的一套规则，规定了计算机在 Internet 上进行通信时应当遵守的规则。

每个用户联网后都会被分配一个由四组数字（0～255）组成的网络地址，即 IP 地址，网络通过解析该地址获取用户身份。IP 地址原来由二进制数表示，但二进制数记忆起来较为复杂，因此多采用十进制的形式，每组数字间用"."来进行分隔，例如 192.168.7.2。

域名（Domain Name）是 IP 地址的另一种表示形式，域名不仅便于记忆，而且即使在 IP 地址发生变化的情况下，通过改变解析对应关系，域名仍可保持不变。企业、政府、非政府组织等机构或者个人在域名注册查询商上注册的名称，是互联网企业或机构间相互联络的网络地址，如 www.sina.com.cn 就是新浪网的域名。

4. 虚拟主机

虚拟主机是使用特殊的软硬件技术，将一台真实的物理计算机主机分割成多个逻辑存储单元，每个单元都没有物理实体，但是每一个逻辑存储单元都能像真实的物理主机一样在网络上工作，并具有单独的域名、IP 地址（或共享的 IP 地址）以及完整的 Internet 服务器功能。其技术是互联网服务器采用的节省服务器硬件成本的技术，虚拟主机技术主要应用于 HTTP、FTP、EMAIL 等多项服务。将一台服务器的某项或者全部服务内容逻辑划分为多个服务单位，对外表现为多个服务器，从而充分利用服务器硬件资源。如果划分是系统级别的，则称为虚拟服务器。

5. FTP

FTP（文件传输协议）是 TCP/IP 提供的标准机制，用来将文件从一个主机复制到另一个主机。FTP 使用 TCP 的服务，负责在两个联网的计算机之间传送文件。

常用的 FTP 传输软件有 LeapFTP 与 FlashFXP、CuteFTP，堪称"FTP 三剑客"。FlashFXP 传输速度比较快，但有时对于一些教育网 FTP 站点却无法连接；LeapFTP 传输速度稳定，能够连接绝大多数 FTP 站点（包括一些教育网站点）；CuteFTP 虽然相对来说比较庞大，但其自带了许多免费的 FTP 站点，资源丰富，它是小巧强大的 FTP 工具之一，具有友好的用户界面和稳定的传输速度。

💹 任务实施

（1）安装 IIS。若已安装好，直接进入步骤（3），否则进入步骤（2）。打开"开始/控制面板/"，可以确认系统是否安装 IIS，如图 1-14 所示。

单击"程序"，得到以下窗口，如图 1-15 所示。

选择"打开或关闭 Windows 功能"，确定窗口中有"Internet 信息服务"的图标。有则进入步骤（3），否则进入步骤（2）。

图 1-14　控制面板

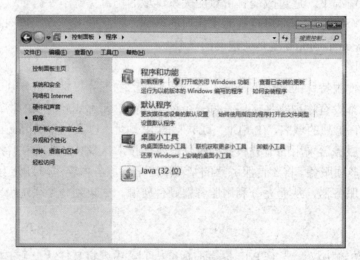

图 1-15　控制面板中的程序

图 1-16　IIS 安装后的效果

（2）安装 IIS。在网络上下载 IIS6.0 或 IIS7.0 进行安装，一般 Windows 7 旗舰版都已安装好 IIS。

图 1-16 为 IIS 安装后的效果，选择"Internet 信息服务"→"确定"。

（3）开始配置 IIS。再次打开控制面板，选择"管理工具"，在弹出的级联菜单中选择"Internet（IIS）管理器"，将左侧电脑型号展开，在网站下面找到"Default Web Site"并单击选中，得到如图 1-17 所示的效果。

然后单击右边的"高级设置"选项，则可以设置网站的目录，如图 1-18 所示。

单击右侧的"绑定"，设置网站的端口为 8081，如图 1-19 所示。

图 1-17 IIS 管理器

双击中间窗口的"默认文档"，设置网站的默认文档，如图 1-20 所示。至此，Windows7 旗舰版的 IIS 设置已经基本完成了。将网站放在规定目录下，然后可向地址栏中输入"http://localhost:8081"，按下"回车"键后即可看见自己做的网站。

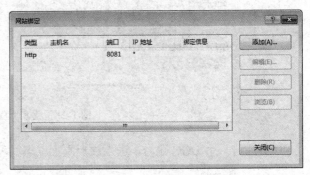

图 1-18 网站物理路径设置　　　　　　　图 1-19 设置端口

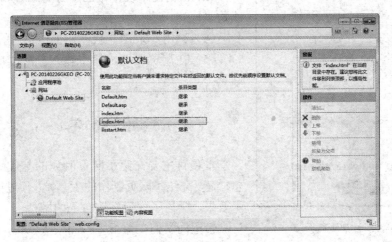

图 1-20 设置默认文档

任务拓展

查找互联网上提供免费试用的域名服务器，例如 http://www.uqc.cn，练习在互联网上发布自己建立好的网站的方法。

操作提示

（1）打开网页浏览器，输入网址 http://www.uqc.cn，打开网站，如图 1-21 所示。

图 1-21   域客士首页

（2）注册一个 UQC 账号，进入注册页面，填写注册信息，完成注册。注册页面如图 1-22 所示。

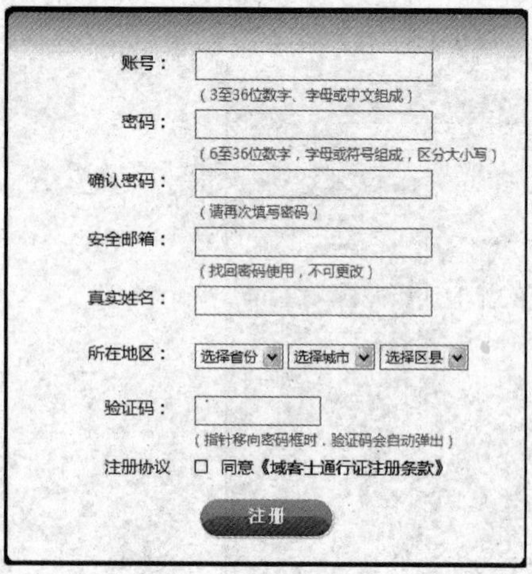

（3）根据提示设置自己注册的域名，可以免费试用或购买。

（4）试用 CuteFTP 软件，上传自己的网页。

（5）在浏览器地址栏中输入分配的域名即可访问站点。

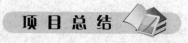

项 目 总 结

本项目主要介绍了网页制作的基础知识和相关概念，简要介绍了网页制作的工具，并通过简单例题展示了效果，学习了如何发布自己的网站。

希望同学们在课下多查阅相关资料，了解更多的网站制作知识。

图 1-22   注册页面

自 我 评 测

一、选择题

（1）可连接后台数据库的网页是（　　　　）。

　　　A．静态网页　　　B．动态网页　　　　　C．两者均是　　　　　D．以上都不是

（2）下列不属于 FTP 软件的是（　　　　）。

　　　A．CuteFTP　　　B．LeapFTP　　　　　C．FlashFTP　　　　　D．FlashGet

（3）"页面属性"对话框中（　　　　）用于显示在 Web 浏览器上的名称。

　　　A．标题　　　　B．文本　　　　　　C．脚本　　　　　　D．HTML

二、填空题

（1）URL 即_____。

（2）Dreamweaver 是一种_____网页编辑器。

（3）网站按照不同的功能可划分为_____、_____、_____和_____四类。

（4）HTML 是_____语言。

（5）在设计网页时，可以使用 Dreamweaver 在网页中插入_____、_____、_____、_____、_____等对象。

三、操作题

（1）练习使用 EditPlus 制作简单网页，标题设为"简单网页"，网页中显示"使用 EditPlus"，字体设置为隶书，颜色为黄色，字号为 28 号，保存为"default.html"。

（2）下载 Apache 服务器，学习使用 Apache 建立网站的方法。

（3）申请一个免费域名和虚拟主机，将任务二中的网页上传到服务器上，通过域名访问网页。

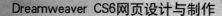
项目二　认识 Dreamweaver CS6

Dreamweaver CS6 是一款功能强大的可视化的网页编辑与管理软件。利用它不仅可以轻松地创建跨平台和跨浏览器的页面，也可以直接创建具有动态效果的网页，且不用设计者编写源代码。Dreamweaver CS6 最主要的优势在于能够进行多任务工作，并且在操作方法、界面风格方面更加人性化。用户可以根据自己的喜好和工作方式，重新排列面板和面板组，自定义工作区，使用起来更为灵活。

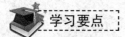 学习要点

（1）Dreamweaver CS6 的安装运行。
（2）Dreamweaver CS6 的工作界面。
（3）Dreamweaver CS6 的站点基本操作。
（4）能够使用模板和库批量制作和修改网页。

任务一　Dreamweaver CS6 安装和运行

在学习使用 Dreamweaver CS6 之前要先掌握该软件的安装和运行。

任务分析

本任务要求学会 Dreamweaver CS6 的安装步骤和方法。

相关知识

Dreamweaver CS6 是世界顶级软件厂商 Adobe 推出的一套拥有可视化编辑界面，用于制作并编辑网站和移动应用程序的网页设计软件。由于它支持代码、拆分、设计、实时视图等多种方式来创作、编写和修改网页，初级人员可以无需编写任何代码就能快速创建 Web 页面。其成熟的代码编辑工具更适用于 Web 开发高级人员的创作。Dreamweaver CS6 新版本使用了自适应网格版面创建页面，在发布前使用多屏幕预览审阅设计，可大大提高工作效率。改善的 FTP 性能，更高效地传输大型文件。"实时视图"和"多屏幕预览"面板可呈现 HTML5 代码，更能够随时检查自己的工作。

任务实施

（1）双击安装盘中的 setup.exe 文件，进入安装界面。
（2）在"Adobe 软件许可协议"界面（见图 2-1）中单击"接受"按钮。
（3）选择安装位置（见图 2-2）后，单击"安装"按钮，进入"安装"界面，如图 2-3 所示。
（4）完成安装，单击"关闭"按钮退出，如图 2-4 所示。

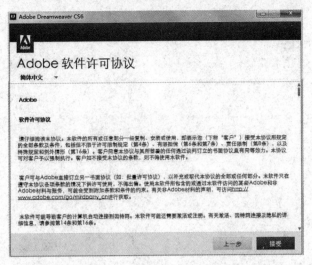

图 2-1 "Adobe 软件许可协议"界面

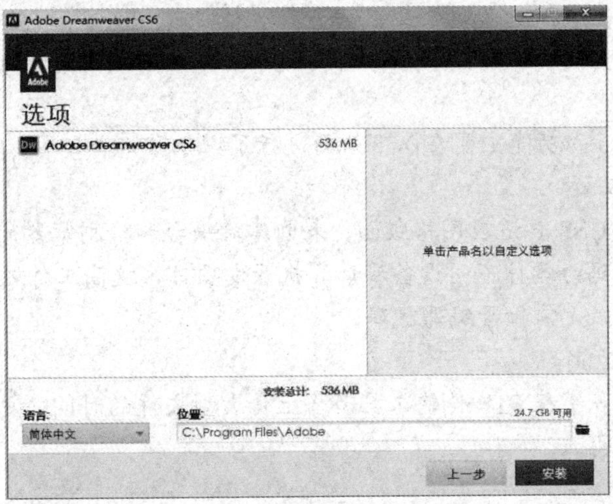

图 2-2 安装位置

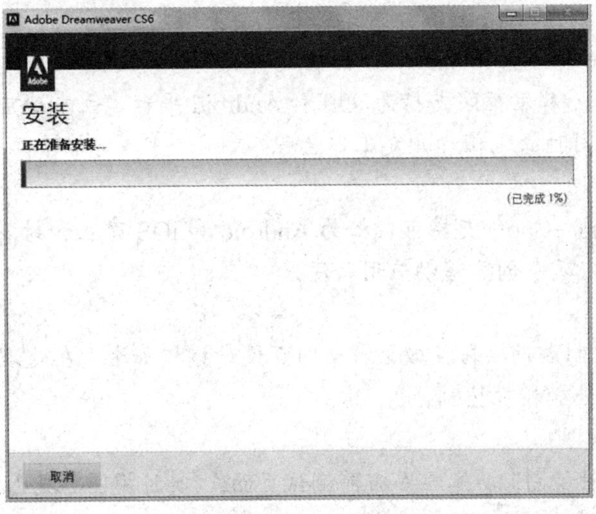

图 2-3 "安装"界面

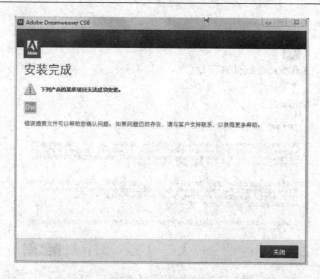

图 2-4   安装完成

◆ 延伸阅读

Dreamweaver CS6 的功能主要在以下方面进行了增强：

1. 自适应网格版面

使用响应迅速的 CSS 自适应网格版面，来创建跨平台和跨浏览器的兼容网页设计。利用简洁、业界标准的代码为各种不同设备和计算机开发项目，提高工作效率。直观地创建复杂网页设计和页面版面，无需忙于编写代码。

2. 改善的 FTP 功能

利用重新改良的多线程 FTP 传输工具节省上传大型文件的时间。更快速、高效地上传网站文件，缩短制作时间。

3. Catalyst 集成

使用 Dreamweaver CS6 中集成的 Business Catalyst 面板连接并编辑利用 Adobe Business Catalyst 建立的网站。利用托管解决方案建立电子商务网站。

4. jQuery Mobile

使用更新的 jQuery 移动框架支持为 iOS 和 Android 平台建立本地应用程序。建立触及移动领域的应用程序，同时简化移动开发工作流程。

5. PhoneGap

更新的 Adobe PhoneGap™支持可轻松为 Android 和 iOS 建立和封装本地应用程序。通过改编现有的 HTML 代码来创建移动应用程序。

6. CSS 转换

将 CSS 属性变化制成动画转换效果，使网页设计栩栩如生。在处理网页元素和创建优美效果时保持对网页设计的精准控制。

7. 更新的实时视图

使用更新的"实时视图"功能在发布前测试页面。"实时视图"现已使用最新版的 WebKit 转换引擎，能够提供绝佳的 HTML5 支持。

8. 多屏幕预览

利用更新的"多屏幕预览"面板检查智能手机、平板电脑和台式机所建立项目的显示画面，增强型面板能够让使用者检查 HTML5 内容呈现。

任务二　调整 Dreamweaver CS6 工作界面

成功安装 Dreamweaver CS6 软件后，将软件打开，了解其界面组成结构并作适当调整。

任务分析

本任务要求显示文档网格，在右侧浮动面板中显示 CSS 样式面板，取消属性窗口显示，并将视图方式切换为"拆分"，如图 2-5 所示。

图 2-5　调整 Dreamweaver CS6 工作界面

相关知识

Dreamweaver CS6 的工作界面主要包括功能菜单栏、插入栏、文档工具栏、文档窗口、状态栏、属性面板、功能面板等，如图 2-6 所示。合理使用这几个板块的相关功能，可以使设计工作成为一个高效、便捷的过程。

1. 菜单栏

Dreamweaver CS6 拥有 10 个菜单，包括"文件""编辑""查看""插入""修改""格式""命令""站点""窗口""帮助"，单击这些菜单可以打开其子菜单，如图 2-7 所示，打开了文件菜单。其他菜单打开后也有类似效果。Dreamweaver CS6 的菜单功能极其丰富，几乎涵盖了所有的功能操作。

2. 插入栏

插入栏位于菜单栏下方，包含用于创建和插入对象（如表格、图像）的按钮。当鼠标指针移动到一个按钮上时，会出现一个工具提示，其中含有该按钮的名称。当需要插入某一元素时，可根据选项卡的名称来选择，插入栏选项内容见表 2-1。

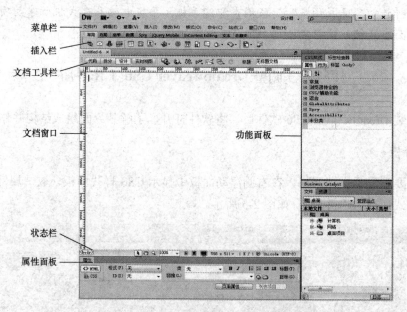

图 2-6　Dreamweaver CS6 工作界面

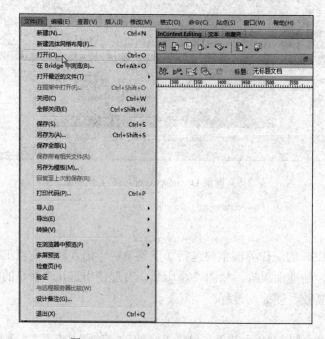

图 2-7　Dreamweaver CS6 文件菜单栏

表 2-1	插入栏选项内容
常用	创建及插入常用的对象，如表格、超级链接等
布局	插入可用于布局的元素，如表格、层等
表单	插入表单元素，如文本框、按钮等
数据	可以插入一些数据元素，如记录集、动态元素等

续表

Spry	可创建用于构建 Spry 页面的按钮，如数据对象和构件
jQuery Mobile	包含 jQuery Mobile 的页面、文本输入、按钮等元素
InContext Editing	在线服务编辑页面，可设定页面、特殊区域的更改权等
文本	用于插入各种文本格式和列表的元素
收藏夹	将插入栏中最常用的按钮分组或将其组织到某一公共位置

3. 文档工具栏

文档工具栏在插入栏下方，其中包含一些按钮，可以实现在代码视图、设计视图及拆分视图间的切换，如图 2-8 所示。文档工具栏还包含一些与查看文档、在本地和远程站点间传输文档有关的常用命令和选项。

图 2-8　文档工具栏

温馨提示

设计视图是一个用于可视化页面布局、可视化编辑和快速进行应用程序开发的设计环境。在该视图中，Dreamweaver CS6 显示文档的完全可编辑、可视化表示形式，类似于在浏览器中查看页面时看到的内容。用户可以配置"设计"视图以在处理文档时显示动态内容。

代码视图是一个用于编写和编辑 HTML、JavaScript、服务器语言代码［如 PHP 或 ColdFusion 标记语言（CFML）］及任何其他类型代码的手工编码环境。

拆分视图使用户可以在一个窗口中同时看到同一文档的"代码"视图和"设计"视图。

4. 状态栏

文档编辑区底部的状态栏提供与正在创建的文档有关的其他信息，如图 2-9 所示。

图 2-9　状态栏

5. 功能面板

Dreamweaver CS6 的功能面板位于文档窗口边缘和底部。常见的面板有"属性"面板、"浮动"面板、"CSS 样式"面板、"文件"面板、"资源"面板等。

（1）属性面板。属性面板位于文档编辑区下方，如图 2-10 所示，在"属性"面板中提供了制作网页过程中用到的不同元素的属性设置功能，例如选择一段文本时，"属性"面板中的

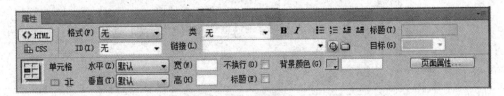

图 2-10　"属性"面板

图 2-11　调整浮动面板位置

属性就针对文本而设置，如果选定的是一个表格，那么"属性"面板中的属性也会相应地变为表格属性，所以使用起来非常方便快捷。

"属性"面板可展开和折叠，若要关闭"属性"面板可单击面板右上角的按钮进行设置，也可以选择"窗口"→"属性"进行设置。

（2）浮动面板。浮动面板出现在工作区的右侧，因为可以拖动每个面板的标题栏进行移动且可以随意设置其显示与否，所以称为浮动面板。每个面板针对着不同的功能，如文件面板中显示整个站点文件的结构。这些面板均可通过"窗口"菜单设置其显示或隐藏。

当鼠标放在面板的灰色标题栏上时，按住鼠标左键拖动可以调整浮动面板的位置，如图 2-11 所示。

任务实施

（1）打开 Dreamweaver CS6。

（2）在打开的 Dreamweaver CS6 界面上选择建立 HTML 文档。

（3）选择"窗口"→"属性"，将其前面的"√"隐藏，即可使"属性"面板消失。再选择"窗口"→"CSS 样式"，使其前面出现"√"，即可显示"CSS 样式"面板。

（4）选择"查看"→"网格设置"→"显示网格"命令，将文档网格显示出来。

（5）保存文件。

延伸阅读

在网页设计过程中，如需要随时在浏览器中打开设计的文档，以便查看其设计效果和及时进行更改和完善，用户只需使用菜单命令或快捷键即可。

依次选择"编辑"→"首选参数"命令，打开"首选参数"对话框，在分类列表框中选择在"浏览器中预览"选项，右侧即出现相关选项界面，如图 2-12 所示。

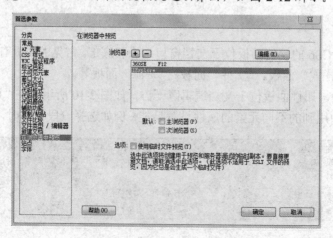

图 2-12　"首选参数"对话框

对话框中各选项的含义如下:

(1) ＋: 单击该按钮, 可向列表中添加新的浏览器。

(2) －: 单击该按钮, 可删除列表中选择的浏览器。

(3)  编辑(E)...: 单击该按钮, 弹出"编辑浏览器"

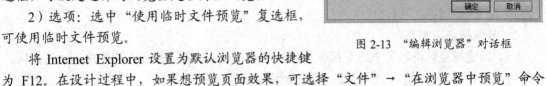

对话框, 从中可修改选定的浏览器参数, 如图 2-13 所示。

1) 默认: 选中"主浏览器"或"次浏览器"复选框, 可设定选择的浏览器是否为主浏览器。

2) 选项: 选中"使用临时文件预览"复选框, 可使用临时文件预览。

图 2-13　"编辑浏览器"对话框

将 Internet Explorer 设置为默认浏览器的快捷键为 F12。在设计过程中, 如果想预览页面效果, 可选择"文件"→"在浏览器中预览"命令或按快捷键 F12。

任务三　创建本地站点——种苗中心网站

软件安装好之后就可以建立本地网站了, 本教材以北京农业职业学院种苗中心网站作为贯穿案例进行学习。

任务分析

在 E 盘中建立文件夹 bvcazm, 作为站点的内容文件夹, 即站点根目录, 图片素材文件存放在该文件夹中的 images 文件夹下。网站名称为"种苗中心", 这里已提供了素材和首页, 以供创建站点使用, 见项目二中的 bvcazm 文件夹。网站首页效果如图 2-5。

相关知识

1. 网站建设基本流程

规划站点→设置开发环境→准备素材→创建本地站点→制作 Web 页面→测试和部署→维护和更新。

2. 站点规划

(1) 确定站点目标。目标是站点设计的灵魂, 能够引导设计者成功地设计站点。站点的目标因主题而异, 例如, 娱乐性站点与信息类站点的目标与风格会迥然不同, 因此在设计站点之前应该明确站点的目标, 才能设计和管理好站点文件。

(2) 规划站点结构。认真地规划站点结构, 能够避免日后出现管理文件混乱的局面, 在规划站点时应注意以下这些问题:

1) 本地站点和远程站点采用相同的结构, 有利于站点的维护和管理。

2) 用文件夹保存文档, 使得文件管理更为清晰。

(3) 规划站点内容。站点功能一般以模块来进行划分, 站点内容应丰富多彩, 除常用的文本、图像外, 还可以加入视频、flash 等多媒体元素, 以适应不同网站的需求。

温馨提示

　　网页制作中使用的文件命名要合理，尽量避免使用中文名称，因为大多数的软件平台都是基于英文的，有的 Web 服务器是区分大小写的，因此一般都采用小写字母命名站点中的文件。

　　（4）规划站点导航机制。一个好的站点要有良好的导航机制，以方便迅速找到需要的信息，因而在规划站点导航时需要注意以下两点：

　　1）建立返回首页的链接。

　　2）导航标题应明确。

　　（5）确定站点风格。每个站点都有自己的风格特点，这样才能令人记忆深刻，增加网站访问量。在设计时要突出主题风格，给人以亲切舒服的感受。

　　3. 本地站点

　　本地站点就是编辑和存放站点文件的本地场所，在本地站点中完成站点的设计，才能上传到远程服务器，供网络上其他人浏览。

任务实施

　　1. 创建本地站点

　　选择"站点"→"新建站点"菜单命令，出现"站点设置对象"对话框，如图 2-14 所示。

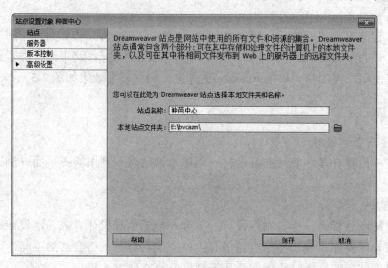

图 2-14　"站点设置对象"对话框

　　在对话框中将网站名称设置为"种苗中心"，将本地站点文件夹设置为 E:/bvcazm（提前建好文件夹）。

　　选择"站点设置对象"对话框中的"高级设置"选项，在"本地信息"选项界面中设置本地文件夹，如图 2-15 所示。

　　（1）"默认图像文件夹"文本框：指定放置站点图像文件的目录。

　　（2）"站点范围媒体查询文件"文本框：指定放置站点文件的本地文件夹，可单击按钮选择本地文件夹或直接在文本框中输入本地文件夹的路径。

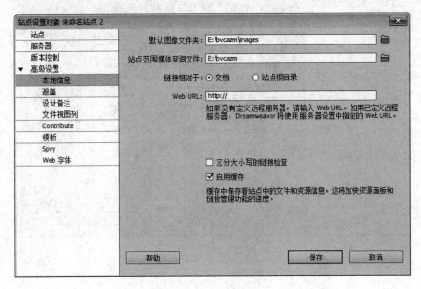

图 2-15　本地信息设置

（3）Web URL 文本框：指定站点的 URL 地址。

（4）启用缓存：选中该复选框，可创建本地缓存，这样有利于提高站点的链接和站点管理任务的速度，而且可以有效地使用资源面板管理站点资源。

2. 完善站点结构

站点是一些文件及文件夹的集合，下面根据种苗中心网站设计需要用到的资源来设置其所需的文件夹结构。

通常在文件及文件夹命名时需要注意用英文字母、数字、下划线的组合，不要包含空格、汉字等特殊字符。命名时还应使用一些简单、易懂、意义明确的名称。

右键单击文件浮动面板中站点根文件夹，选择快捷菜单中的"新建文件夹"命令，命名为 css，同样方法，依次再创建 js、includes 文件夹，如图 2-16 所示。

将这里提供的同名文件夹中的内容拷贝过去，并将 index.html 文件拷贝的站点根目录下。

图 2-16　站点目录结构

3. 管理站点

选择"站点"→"管理站点"命令，在弹出的"管理站点"对话框中可以对网站进行删除、编辑等操作，下面将站点名称改为英文。

在"管理站点"对话框中双击站点名称，打开"站点设置对象"对话框，在"站点名称"中将其名称改为"bvca"，见图 2-17。

 任务拓展

在自己的电脑中建立"personal"文件夹，并在其中创建用于存放图片资源的文件夹"images"，将自己的个人网站需要的图片资源存入其中。

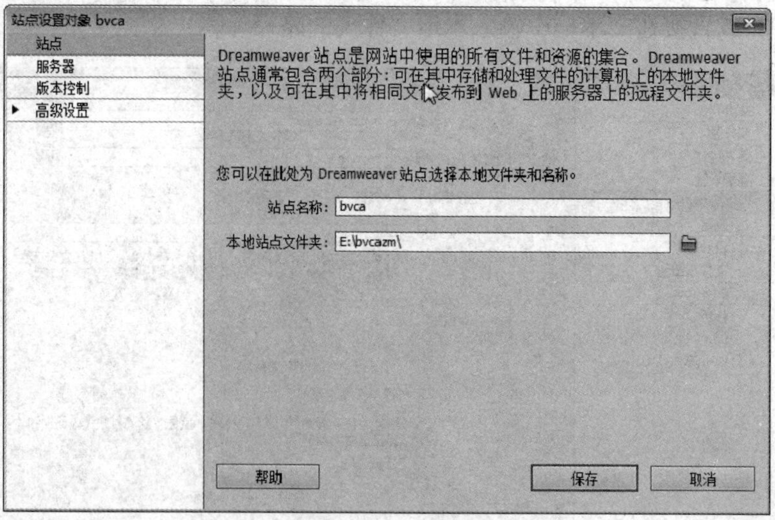

图 2-17　更改站点名称

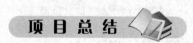

项 目 总 结

　　本项目主要介绍了 Dreamweaver CS6 软件的安装方法、软件环境和本地站点的创建方法，简要介绍了一些网站建设基本知识，并通过案例学习了操作方法。

　　希望同学们在课下多查阅相关资料，了解更多的网站建设知识和 Dreamweaver CS6 的知识。

自 我 评 测

一、选择题

（1）打开站点设置对象的方法是（　　　）。

　　A. 单击"文件"面板右侧的"管理站点"链接，在对话框中单击"新建站点"按钮

　　B. 在菜单栏中选择"站点"→"新建站点"命令

　　C. 在菜单栏中选择"站点"→"管理站点"命令，在对话框中单击"新建站点"按钮

　　D. 以上都可行

（2）下列（　　　）是 Dreamweaver CS6 的新增功能。

　　A. 可响应的自适应网格版面　　　　　　B. Adobe Business Catalyst 集成

　　C. 更新的 PhoneGap 支持　　　　　　　D. 以上都是

（3）插入表格属于插入栏中的（　　　）选项卡。

　　A. 常用　　　　　　B. 布局　　　　　　C. 表单　　　　　　D. 文本

（4）在设计过程中，按（　　　）键可以预览设计效果。

　　A. F2　　　　　　B. F10　　　　　　C. F12　　　　　　D. F11

二、填空题

（1）在"文档窗口"中可以在_____、_____和_____三种视图之间进行切换。

（2）常见的功能面板有_____、_____、_____和_____等。

（3）在规划站点的导航机制时，应注意_____和_____。

（4）站点定义向导的三个基本任务包括_____、_____和_____。

三、操作题

（1）根据书中所讲步骤安装 Dreamweaver CS6。

（2）认识 Dreamweaver CS6 的工作窗口。

（3）规划自己个人网站的目录结构。

（4）创建一个个人站点。

项目三 使用 HTML 制作简单网页

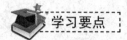 学习要点

（1）掌握 HTML 文档的基本结构并创建文本网页。

（2）使用图像标记实现图文并茂的页面。

（3）熟练使用超级链接实现页面导航。

（4）熟练使用表格并能够使用表格对网页进行布局。

任务一　HTML 文件结构

通过本任务的学习，了解 HTML 文档的基本结构等基础知识并能够使用 HTML 创建简单的文本网页。

任务分析

本任务制作一个最简单的内容只有文本元素的网页，网页标题为"古诗欣赏"，题目为"古诗欣赏"，文本内容为三首古诗，如图 3-1 所示。

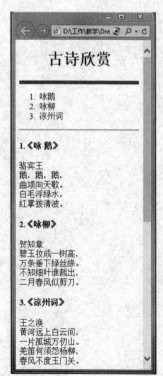

图 3-1　任务一"古诗欣赏"网页文本效果

相关知识

1. HTML

HTML 是一种用来制作超文本文档的简单标记语言。它包括很多标记，如<h1>标题、<p>段落，告知浏览器如何显示页面。用 HTML 编写的超文本文档称为 HTML 文档，它能独立于各种操作系统平台，自 1990 年以来 HTML 就一直被用作ＷＷＷ（即 World Wide Web）的信息表示语言，使用 HTML 语言描述的文件，需要通过 Web 浏览器显示出效果。

之所以称为超文本，是因为它可以加入图片、声音、动画、影视等内容。每一个 HTML 文档都是一种静态的网页文件，这个文件里面包含了 HTML 指令代码，这些指令代码并不是一种程序语言，它是一种排版网页中内容显示位置的标记结构语言，易学易懂，非常简单。通过项目一的学习可以看到使用 HTML 超文本文件时需要用到的一些标记。在 HTML 中每个用来作标记的符号都是一条命令，可以将它们看成是源代码，它告知浏览器如何显示文本，这些标记均由"<"

和"＞"符号以及一个字符串组成。而浏览器就是一个"解释和翻译"这些源代码工具，它的功能是对这些标记进行解释，显示出文字、图像、动画及播放声音，最常见的是 Windows 系统自带的 Internet Explorer 浏览器、Firefox、360 安全浏览器、遨游等。

2. 认识网页的组成元素

网页有很多元素组成，包括"网页标题""logo""导航栏""表单"等，如图 3-2 所示。

图 3-2　组成网页的元素

3. 文档结构

一个 HTML 文档是由一系列的元素和标记组成。元素名不区分大小写。HTML 用标记来规定元素的属性和它在文件中的位置，这些标记用"＜标记名字　属性＞"来表示，标记以"＜＞"开始，以"＜/＞"结束。HTML 超文本文档分文档头＜head＞和文档体＜body＞两部分，在文档头中，对这个文档进行了一些必要的定义，文档体中是要显示的各种文档信息。

下面是一个最基本的 HTML 文档的代码：

```
<HTML>
<HEAD>
<TITLE> 我的第一个网页 </TITLE>
</HEAD>
<BODY>
我的第一个网页
</BODY>
</HTML>
```

＜HTML＞＜/HTML＞在文档的最外层，文档中的所有文本和 HTML 标记都包含在其中，它表示该文档是以 HTML 编写的。

＜HEAD＞＜/HEAD＞是 HTML 文档的头部标记，在浏览器窗口中，头部信息是不被显示在正文中的。在此标记中可以插入其他标记，用以说明文件的标题和整个文件的一些公共属性。

＜TITLE＞和＜/TITLE＞是嵌套在＜HEAD＞头部标记中的，标记之间的文本是文档标题，这些文本作为浏览器窗口的标题栏内容被显示。

<BODY> </BODY>标记之间的文本是正文，正文中的内容作为网页内容显示在浏览器中。

上面的这几对标记在文档中都是唯一的，HEAD 标记和 BODY 标记是嵌套在 HTML 标记中的。

4．编辑工具

HTML 是一个纯文本文件，所以其编辑工具非常方便。

（1）记事本。记事本是 Windows 自带的编辑文本的附件，所以使用它简单方便，在任务一中已经使用过记事本编辑文档，这里不再赘述。

（2）Dreamweaver CS6 网页编辑软件。相比记事本，Dreamweaver CS6 的代码视图可以进行 HTML 代码的输入，它支持 HTML 标记提示和不同颜色的显示等功能，代码输入的效率和准确性更高。

5．常用基本标记

（1）标题标记<hn>。标题是一篇文章或一段文本的题目，是以某种方式被加强、被突出的词组或短语。

语法格式：<hn>标题</hn>。

<hn>标记是成对出现的，<hn>标记共分为六级，n 从 1 到 6。在<h1>…</h1>之间的文字就是第一级标题，是最大最粗的标题；<h6>…</h6>之间的文字是最后一级，是最小最细的标题文字。"align" 属性用于设置标题的对齐方式，其参数为 left（左），enter（中），right（右）。<hn>标记本身具有换行的作用，标题总是从新的一行开始。如：

```
<body>
  <h1  align="center">居中的一级标题</h1>
  <h2>二级标题</h2>
  <h3>三级标题</h3>
  <h4>四级标题</h4>
  <h5>五级标题</h5>
  <h6>六级标题</h6>
</body>
```

（2）换行标记
。换行标记比较特殊，是个单标记，不包含任何内容，在 html 文件中的任何位置只要使用了
标记，该标记之后的内容将显示在下一行。

格式：
。

（3）换段落标记<p>。用来创建一个段落，位于前段的末尾，使前段与后段之间加一行空白。在标记之间加入的文本将按照段落的格式显示在浏览器中。它可以单独使用，也可以成对使用，良好的习惯是成对使用。单独使用时，下一个<p>的开始就意味着上一个<p>的结束。

格式：<p>……</p>

（4）水平分隔线标记<hr/>。<hr/>标记是单独使用的标记，是水平线标记，用于段落与段落之间的分隔，使文档结构清晰明了，使文字的编排更整齐。通过设置<hr/>标记的 size、width、align、color、noshade 等属性，可以控制水平分隔线的样式。如：

```
<hr size="7" width="20%" align="center" noshade color="red" / >
```

（5）无序列表。无序列表就是项目各条列间并无顺序关系，只是利用条列来呈现资料而已，此种无序标记，在各条列前面均有一符号以示区隔。

格式：

```
<ul>
<li>第一项</li>
<li>第二项</li>
……
<li>第 n 项</li>
</ul>
```

（6）有序列表。有序列表就是指各条列之间是有顺序的，比如从 1、2、3……一直延伸下去。

格式：

```
<ol >
<li>第一项</li>
<li>第二项</li>
……
<li>第 n 项</li>
</ol>
```

（7）文字格式控制标记。<font>标记用于通过属性控制文字的字体、大小和颜色，常见 font 属性见表 3-1。

表 3-1 常 见 font 属 性

属性	使用功能	默认值
face	设置文字使用的字体	宋体
size	设置文字的大小	3
color	设置文字的颜色	黑色

格式：

```
<font face=值 1 size=值 2 color=值 3> 文字 </font>
```

说明：如果用户的系统中没有 face 属性所指的字体，则将使用默认字体；size 属性的取值为 1~7，也可以用"+"或"-"来设定字号的相对值；color 属性的值为 RGB 颜色"#nnnnnn"或颜色的英文名称。

```
<font face="隶书" size="3" >1.《咏 鹅》</font> <br />
<font face="楷体" color="#ff00ff">骆宾王</font><br />
<font face="楷体" color="red" size="-2 ">
    鹅,鹅,鹅,<br />
    曲项向天歌.<br />
    白毛浮绿水,<br />
    红掌拨清波.
</font>
```

（8）注释标记。在 HTML 文档中可以加入相关的注释标记，便于查找和记忆有关的文件内容和标识，这些注释内容并不会在浏览器中显示出来。

注释标记的格式如下：

`<!--注释的内容-->`

（9）特殊字符。在 HTML 文档中，有些字符没办法直接显示出来，例如"&"。使用特殊字符可以将键盘上没有的字符表达出来，而有些 HTML 文档的特殊字符在键盘上虽然可以得到，但浏览器在解析 HTML 文档时会报错，例如"<"等。为防止代码混淆，必须用一些代码来表示它们。HTML 常见字符及其代码见表 3-2。

表 3-2　　　　　　　　　　　　**HTML 常见字符及其代码表**

特殊或专用字符	字符代码	特殊或专用字符	字符代码
<	&lt;	©	&copy;
>	&gt;	×	&times;
&	&amp;	®	&reg;
"	&quot;	空格	

任务实施

打开编辑工具，创建 3-1.html 文件，输入如下代码：

```html
<html>
<head>
<title>古诗欣赏</title>
</head>

<body>
    <h1 align="center">古诗欣赏</h1>
    <hr noshade="noshade" color="#FF0000" size="5" />
    <ol >
        <li>咏鹅</li>
        <li>咏柳</li>
        <li>凉州词</li>
    </ol>
    <hr noshade="noshade" />
    <h4>1.《咏 鹅》</h4>
    骆宾王<br />
    鹅,鹅,鹅,<br />
    曲项向天歌.<br />
    白毛浮绿水,<br />
    红掌拨清波.
    <h4>2.《咏柳》</h4>
    贺知章<br />
    碧玉妆成一树高,<br />
    万条垂下绿丝绦.<br />
    不知细叶谁裁出,<br />
    二月春风似剪刀.
    <h4>3.《凉州词》</h4>
```

```
    王之涣<br />
    黄河远上白云间,<br />
    一片孤城万仞山.<br />
    羌笛何须怨杨柳,<br />
    春风不度玉门关.<br />
</body>
</html>
```

任务拓展

创建一个"myhtml.html"的网页,网页标题为"我的第一个个人主页",将自己的性格爱好等文本信息作为网页内容。

任务二　图像标记的使用

通过本任务的学习,了解 HTML 文档中常用的图像格式,并能够使用图像标记在网页中插入图片。

任务分析

本任务是为"古诗欣赏"网页插入相应的图片,如图 3-3 所示。

1. 网页中常见的图片格式

图像可以使 HTML 页面美观生动且富有生机。浏览器可以显示的图像格式有 jpeg、bmp、gif 等。其中 bmp 文件存储空间大、传输慢,不提倡用;常用的 jpeg 和 gif 格式的图像相比较,jpeg 图像支持数百万种颜色,即使在传输过程中丢失数据,也不会在质量上有明显的不同,占位空间比 gif 大;gif 图像仅包括 265 色彩,虽然质量上没有 jpeg 图像高,但其具有占位储存空间

图 3-3　任务二"古诗欣赏"网页加入图片后效果

小、下载速度最快、支持动画效果及背景色透明等特点。因此使用图像美画页面可视情况而决定使用哪种格式。

2. 图像标记<img>

格式:

`<img src="图片路径" alt="提示文本信息" />`

网页中插入图片用标记<img>,当浏览器读取到<img>标记时,就会显示此标记所设定的图像。如果要对插入的图片进行修饰,仅用这一个属性是不够的,还要配合其他属性来完成。标记<img>的属性见表 3-3。

表 3-3　　　　　　　　　　　　　　标记<**img**>的属性

属　性	描　　　述
src	图像的 url 的路径
alt	替代文字，当图像无法显示时，可以用该文本来代替图像显示
width	宽度，通常只设为图片的真实大小以免失真，改变图片大小最好用图像工具
height	高度，通常只设为图片的真实大小以免失真，改变图片大小最好用图像工具

任务实施

在本项目任务一"3-1.html"文件的代码结尾处加入如下代码：

```
<p>
    <img src="../disanzhangtupian/luobinwang.jpg" height="148" alt="骆宾王" />    
    <img src="../disanzhangtupian/hezizhang.jpg" height="148" alt="贺知章" />    
    <img src="../disanzhangtupian/wangzhihuan.jpg" height="148" alt="王之涣" />
</p>
```

任务拓展

打开"myhtml.html"的网页，在文本后加入几张自己的照片。

任务三　超级链接标记使用

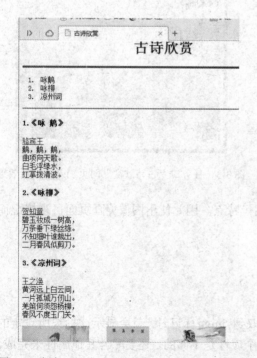

任务分析

通过本任务的学习，了解 HTML 文档中超级链接路径等基础知识，并能够在网页中熟练使用各种超级链接。

本任务是在"古诗欣赏"网页中建立相应的超级链接，如图 3-4 所示。

相关知识

1．超级链接

超级链接是一个网站的灵魂，Web 上的网页是互相链接的，单击被称为超级链接的文本或图形就可以链接到其他页面。超文本具有的链接能力，可层层链接相关文件，这种具有超级链接能力的操作，即称为超级链接。超级链接除可链接文本外，也可链接各种媒体（如声音、图像、动画）实现页面之间的导航，通过

图 3-4　任务三"古诗欣赏"网页加入超级链接效果

它们用户可享受丰富多彩的世界。

格式：

`<a href="链接地址（URL）" target="目标窗口名称" title="指向连接显示的文字">超级链接的文本或图像</a>`

说明：

（1）href：定义了这个链接所指的目标地址；

（2）target：用于指定打开链接的目标窗口，其默认方式是原窗口。目标窗口的属性值见表 3-4。

表 3-4 目标窗口的属性值

属性值	描　　述
_parent	在上一级窗口中打开，一般框架页会经常使用
_blank	在新窗口打开
_self	在同一个窗口中打开，这项一般不用设置，是默认值
_top	在浏览器的整个窗口中打开，忽略任何框架

（3）title：用于指定指向链接时所显示的标题文字。

（4）超级链接的文本或图像是要添加超级链接的元素，元素可以包含文本，也可以包含图像。文本带下划线且与其他文字颜色不同，图形链接通常带有边框显示。用图形做链接时，只要将显示图像的标志`<img>`嵌套在`<a href="URL"></a>`之间就能实现图像链接的效果。当鼠标指向"超级链接的文本或图像"处时会变成手状，单击这个元素可以访问指定的目标文件。如：`<a href="chaolian.html">这里是超级链接</a>`，即用户在浏览网页时，点击"这里是超级链接"几个字，就会在本窗口中打开"chaolian.html"这个网页。

2. 链接地址（URL 路径）

每一个文件都有自己的存放位置和路径，理解一个文件到要链接的文件之间的路径关系是创建链接的根本。

URL 是指每一个网站都具有的地址。同一个网站下的每一个网页都属于同一个地址之下，在创建一个网站的网页时，不需要为每一个链接都输入完全的地址，只需要确定当前文档同站点根目录之间的相对路径关系就可以了。因此，链接地址可以分绝对路径、根路径和相对路径三种。

（1）绝对路径。绝对路径包含了标识 Internet 上文件所需要的所有信息，文件的链接是相对原文档而定的，包括完整的协议名称、服务器地址（主机名称）、文件夹名称和文件名称，其格式为：

通信协议://服务器地址:通信端口/文件位置……/文件名

如：http://www.sina.com.cn/index.html

Internet 遵循一个重要的协议及 http 超文本传输协议，http 是用于传输 Web 页的客户端/服务器协议。当浏览器发出 Web 页请求时，此协议将建立一个与服务器的链接，在链接成功后，服务器将找到请求页，并将它发送给客户端。信息发送到客户端后，http 将释放此链接，这使得此协议可以接受并服务大量的客户端请求。

　　Web 应用程序是指 Web 服务器上包含的许多静态和动态的资源集合，一般存放着网站中的所有文件资源，Web 服务器承担着为浏览器提供服务的责任。

　　www.sina.com.cn 就是资源所在的服务器地址（主机名），通常情况下使用默认的端口号 80，资源在 WWW 服务器主机 Web 文件夹下，资源的名称为：index.html。

　　（2）相对路径。相对路经是以当前文件所在路径为起点，进行相对文件的查找。一个相对的 URL 不包括协议和主机地址信息，表示它的路径与当前文档的访问协议和主机名相同，甚至有相同的目录路径。通常只包含文件夹名和文件名，甚至只有文件名。可以用相对 URL 指向与源文档位于同一服务器或同文件夹中的文件。此时，浏览器链接的目标文档处在同一服务器或同一文件夹下。如：news/index.html，含义为表示当前路径下的"news"子目录下的 index.html 文件。

　　1）如果链接到同一目录下，则只需输入要链接文件的名称。

　　2）要链接到下级目录中的文件，只需先输入目录名，然后加"/"，再输入文件名。

　　3）要链接到上一级目录中文件，则先输入"../"，再输入文件名。

　　相对路径的用法见表 3-5。

表 3-5　　　　　　　　　　　　　　　相 对 路 径 的 用 法

相对路径名	含　义
herf="shouey.html"	shouey.html 是当前路径下的文件
herf="web/shouey.html"	shouey.html 是当前路径下"Web"子目录下的文件
herf="../shouey.html"	shouey.html 是当前目录的上一级子目录下的文件
herf="../../shouey.html"	shouey.html 是当前目录的上两级子目录下的文件

　　（3）根路径。根路径目录地址同样可用于创建内部链接，但大多数情况下，不建议使用此种链接形式。

　　根路径目录地址的书写也很简单，首先以一个斜杠开头，代表根目录，然后书写文件夹名，最后书写文件名。如果根目录要写盘符，就在盘符后使用"│"，而不用"："。如：d│/web/highight/shouey.html。

　　对于链接本地机器上的文件使用相对路径还是根路径的问题，在绝大多数情况下使用相对路径比较好。例如，用绝对路径定义了链接，在把文件夹改名或者移动之后，所有的链接都会失效，这样就必须对网站中所有 HTML 文件的链接进行重新编排。当网站要发布时，需要将网站所在的文件夹移到网络服务器上，因此需要重新修改的链接就更多了。而使用相对路径，不仅在本地机器环境下适合，而且上传到网络或其他系统下也无需进行太多更改甚至不用修改就能准确链接。

　　3．书签链接

　　需要链接到文档中的特定位置的链接称为书签链接。在浏览页面时如果页面很长，要不断地拖动滚动条，给浏览带来不便，若要浏览者既可以从头阅读到尾，又可以通过链接跳转到自己感兴趣的部分选择阅读，则可以通过创建书签链接来实现。方法是选择一个目标定位点，用来创建一个定位标记，用<a>标记的属性 name 的值来确定定位标记名，即<a name="定位标记名">。然后在网页的任何地方建立对这个目标标记的链接"标题"（可以是文本或图像），在标题上建立的链接地址的名字要和定位标记名相同，前面还要加上"#"，即<a href="#定位标记名">，单击此标题链接就跳到要访问的内容。

书签链接可以在同一页面中链接，也可以在不同页面中链接，在不同页面中链接同样需要指定好链接的页面地址和链接的书签位置。

在同一页面要使用链接的地址：

```
<a href="#书签名称" target="窗口名称">超连链标题名称</a>
```

在不同页面要使用链接的地址：

```
<a href="URL 地址#书签名称" target="窗口名称">超级链接标题名称</a>
```

定义定位标记名（即书签）：

```
<a name="书签名称">目标超级链接名称</a>
```

name 的属性值为该目标定位点的定位标记点名称，即给特定位置点（这个位置点也称为锚点）起个名称。

任务实施

1. 页面间的链接

由一个页面跳转到另外一个页面时，就需要在不同的 HTML 页面之间的建立链接关系，要明确哪个是主链接文件（即当前页），哪个是被链接文件（即目标页）。在前面内容已经介绍过，这类链接一般采用相对路径链接比较好。

首先，创建三个目标页 3-2.html、3-3.html、3-4.html，内容分别是骆宾王、贺知章、王之涣三个诗人的简介。

"3-2.html"文件代码如下：

```
<html>
<head>
<title>骆宾王</title>
</head>

<body>
<h3>骆宾王</h3>
  （约 619–约 687 年）字观光,汉族,婺州义乌人（今浙江义乌）.唐初诗人,与富嘉谟并称"富骆".高宗永徽中为道王李元庆府属,历武功、长安主簿,仪凤三年,入为侍御史,因事下狱,次年遇赦,调露二年除临海丞,不得志,辞官.有集.骆宾王于武则天光宅元年,为起兵扬州反武则天的徐敬业作《代李敬业传檄天下文》,敬业败,亡命不知所之,或云被杀,或云为僧.<br />
他与王勃、杨炯、卢照邻以文词齐名,世称"王杨卢骆",号为"初唐四杰".其为五律,精工整炼,不在沈、宋之下,尤擅七言长歌,排比铺陈,圆熟流转,或被誉为"绝唱".
</body>
</html>
```

"3-3.html"文件、"3-4.html"文件代码也不难写出，具体内容如图 3-4 所示。

其次，打开文件"3-1.html"文件，在骆宾王、贺知章和王之涣三个作者名字处修改代码如下：

```
<a href="3-2.html" target="_new">骆宾王</a><br />
<a href="3-3.html" target="_new">贺知章</a><br />
<a href="3-4.html" target="_new">王之涣</a><br />
```

最后效果如图 3-4 所示。

2. 同一页面的特定位置的链接

打开 3-1.html 文档，修改部分代码来实现三首诗歌的定位导航。

首先在三首诗歌正文的位置创建三个书签：

```
<h4><a name="yonge">1.《咏鹅》</a></h4>
<h4><a name="yongliu">2.《咏柳》</a></h4>
<h4><a name="liangzhouci">3.《凉州词》</a></h4>
```

然后在目录的位置创建三个锚链接，实现三首诗歌的定位：

```
<ol >
   <li><a href="#yonge">咏鹅</a></li>
   <li><a href="#yongliu">咏柳</a></li>
   <li><a href="#liangzhouci">凉州词</a></li>
</ol>
```

3. 外部链接

外部链接指的是跳转到当前网站外部，与其他网站中页面或其他元素之间的链接关系。这种链接的 URL 地址一般要用绝对路径，要有完整的 URL 地址，包括协议名、主机名、文件所在主机上的位置的路径以及文件名。如<a href="http://www.sina.com.cn" title="打开新浪首页">新浪网</a>。

在 HTML 页面中，还有一类链接，在浏览者单击链接后，系统会启动相应默认的本地应用软件。如 E-mail 链接，当浏览者单击该链接后，系统会启动本机的邮件服务系统发送邮件。

格式：

```
<a href="mailto:E-mali">描述文字</a>
```

如：<a href="mailto:li1234@sina.com">联系我们</a> </p>。

 任务拓展

创建一个"myhtml-1.html"的网页，可以将自己旅游的文本及图片作为网页内容。在网页"myhtml.html"中选择合适的文本或图片创建超级链接，实现两个网页之间的跳转。

任务四　使用表格标记布局网页

通过本任务的学习，了解 HTML 文档中表格的基本用法并能够在网页中使用表格对页面进行简单的布局，实现图文混排。

 任务分析

本任务是完成"种苗中心"网站的"zxjj.html"右下角部分，效果如图 3-5 所示。这个网页有文本和图片，为了更好的排版，这里使用表格来实现这个网页的图文混排。

 相关知识

表格在网站中应用非常广泛，所以要制作好网页，则要学好表格。

图 3-5　"zxjj.html"页面

1．表格

（1）表格的结构如图 3-6 所示。

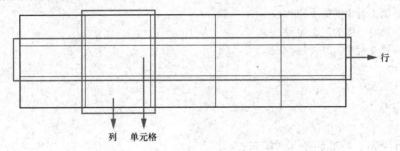

图 3-6　表格的结构

（2）定义表格的基本语法。在 HTML 文档中，表格是通过\<table>、\<th>、\<tr>、\<td>标签来完成的，见表 3-6。

表 3-6　　　　　　　　　　　　表　格　标　记

标签	描　　述
\<table>…\</table>	用于定义一个表格开始和结束
\<tr>…\</tr>	定义一行的标签，一组行标签内可以建立多组由\<td>或\<th>标签所定义的单元格
\<th>…\</th>	定义表头单元格。表格中的文字将以粗体显示，在表格中也可以不用此标签，\<th>标签必须放在\<tr>标签内
\<td>…\</td>	定义单元格标签，一组\<td>标签将将建立一个单元格，\<td>标签必须放在\<tr>标签内

在一个最基本的表格中，必须包含一组\<table>标签、一组\<tr>标签和一组\<td>标签或\<th>标签。这些标签有很多属性，其中\<table>标签属性见表 3-7。

表 3-7　　　　　　　　　　　　\<table>标签的属性

属性	描　　述	属性	描　　述
width	表格、列、单元格的宽度	bgcolor	表格、行、列、单元格的背景颜色
height	表格、行、单元格的高度	border	表边框的宽度（以像素为单位）
align	表格、单元格的对齐方式	bordercolor	表格、单元格边框颜色
background	表格、列、单元格的背景图片		

创建文件 3-5.html，输入如下代码：

```
<html>
<head>
<title>基本表格</title>
</head>
<body>
    <table border="10" bordercolor="red" align="center" bgcolor="yellow"
width="500"  >
    <tr height="100" >
    <td>第 1 行中的第 1 列</td>
    <td>第 1 行中的第 2 列</td>
    <td>第 1 行中的第 3 列</td>
    </tr>
    <tr>
    <td>第 2 行中的第 1 列</td>
    <td>第 2 行中的第 2 列</td>
    <td>第 2 行中的第 3 列</td>
    </tr>
    </table>
    </body>
</html>
```

运行上面代码，效果如图 3-7 所示。

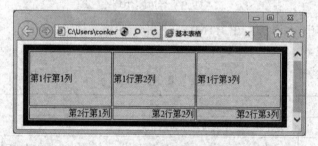

图 3-7　表格基本标签的使用

2. 表格的跨行、跨列

在复杂的表格结构中，有的单元格在垂直或水平方向上跨多个单元格，这就需要使用跨列属性"colspan"和跨行属性"rowspan"。

格式：

```
<td colspan="数值"  rowspan="数值" >
```

"数值"代表单元格跨的列数或行数。

创建文件 3-6.html，输入如下代码：

```
<html>
<head>
<title>表格的跨行跨列</title>
</head>
```

```
<body>
    <table border="2" >
    <tr>
    <td colspan="3" >表格的跨行跨列</td>
    </tr>
    <tr>
    <th width="100">姓名</th>
    <th width="100">课程</th>
    <th width="100">成绩</th>
    </tr>
    <tr>
    <td rowspan="2">张三</td>
    <td>英语</td>
    <td>90</td>
    </tr>
    <tr>
    <td>数学</td>
    <td>92</td>
    </tr>
    <tr>
    <td rowspan="2">李四</td>
    <td>英语</td>
    <td>77</td>
    </tr>
    <tr>
    <td>数学</td>
    <td>69</td>
    </tr>
    </table>
</body>
</html>
```

运行上面代码，效果如图 3-8 所示。

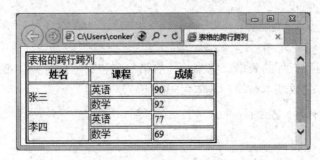

图 3-8　表格的跨行跨列

3. 表格布局

表格除可以显示要以表格形式显示的数据内容以外，随着表格应用的深入，人们发现表格可以方便灵活地实现网页排版，很多动态大型网站也都是借助表格排版，表格可以将相互关联的信息元素集中定位，使浏览页面的人一目了然。如图 3-9、图 3-10 所示。

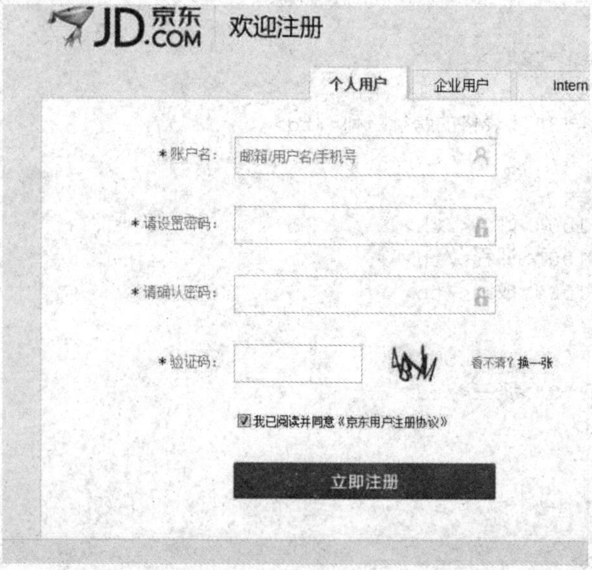

图 3-9　京东商城网上注册页面

图 3-10　京东商城商品筛选页面

任务实施

（1）创建一个四行五列的表格，将第一行的第二列和第三列合并、第二行所有列合并、第三行所有列合并，完成基本布局，具体代码如下：

```
<table width="97%" border="0">
  <tr>
    <td> </td>
    <td colspan="2"> </td>
    <td> </td>
    <td> </td>
  </tr>
  <tr>
    <td colspan="5"> </td>
  </tr>
```

```
<tr>
  <td colspan="5"> </td>
</tr>
<tr>
  <td> </td>
  <td> </td>
  <td> </td>
  <td> </td>
  <td> </td>
</tr>
</table>
```

运行上面的代码，效果如图 3-11 所示。

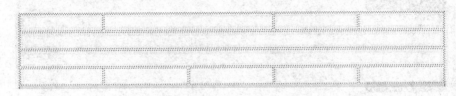

图 3-11　创建表格效果

（2）在第一行第一个单元格放入图片"img_8.gif"，第二个单元格输入文字"北京农业职业学院苗木中心"，最后一个单元格输入文字"首页->中心介绍"；第二行放入一个水平线；第三行输入"中心"简介文字；第四行分别在第二、三、四单元格放入图片"untitled.png""untitled2.png""untitled3.png"；并适当调整单元格、图片、文字的格式。具体代码如下：

```
<table width="97%" border="0" cellspacing="0" cellpadding="0" >
  <tr>
    <td width="5%"><img src="images/img_8.gif" width="22" height="23" /></td>
    <td colspan="2"><h4><font  color="#003399">北京农业职业学院苗木中心简介
</font></h4></td>
    <td width="27%"> </td>
    <td ><font size="2">首页-&gt;中心介绍</font> </td>
  </tr>
  <tr>
    <td colspan="5"><hr size="0.3" color="#666666" /></td>
  </tr>
  <tr>
    <td colspan="5"><font  size="2" color="#687f96">
         北京农业职业学院种苗木中心位于北京市
房山区长阳镇,始建于 1995 年,是北方地区最早从事种苗生产的企业之一,具有生产、示范、科研、新技术成果
推广、新农村建设人才培训、三农服务、学生实习实训等多方面的服务功能.为发展北京高效农业,积极推广新技
术、新品,2009 年建筑面积达 2000 平方米,包含 1400 平方米的组织培养室和 600 平方米配套驯化温室的新种
苗中心建成投入使用,年产组培苗可达 500 万株以上.目前已掌握草莓、大花蕙兰、非洲菊、萱草、玉簪、多肉
植物、矾根、复叶槭、毛白杨等植物的组织培养技术,其中草莓、非洲菊种苗已覆盖京郊各个区县,为京郊农业发
展提供了种质资源.我中心有先进的硬件设备、强大的人才队伍和院领导的大力支持。</font></td>
  </tr>
  <tr height="190">
    <td> </td>
    <td width="170"><img src="images/untitled.png" width="147" height="174"
/></td>
```

```
    <td width="170"><img src="images/untitled2.png" width="147" height="174"
/></td>
    <td><img src="images/untitled3.png" width="147" height="174" /></td>
    <td> </td>
  </tr>
</table>
```

任务拓展

（1）请完成"种苗中心"网站的"行业新闻"页面，如图 3-12 所示。

步骤提示：可参考任务四的操作方法。

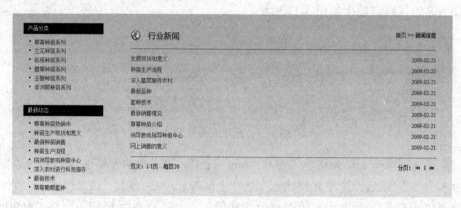

图 3-12 "行业新闻"页面

（2）在网页 "myhtml-1.html"中合适位置，添加一个表格，内容为一份自己的旅游计划，包括时间、游玩景点、就餐地点、门票费用、交通工具及住宿地点信息等。可以根据情况，用表格对该网页进行重新布局及排版，使其更加美观漂亮。

项 目 总 结

通过本项目学习，了解了 HTML 语言的基本结构和格式，能够制作出简单的图文并茂的网页，并能够实现页面间的导航；能够使用表格进行简单的网页设计与布局。

自 我 评 测

一、选择题

（1）下面（　　）表示的不是按钮。

A．type="submit"　　　　　　　　　　B．type="reset"

C．type="image"　　　　　　　　　　 D．type="button"

（2）下面（　）属性不是文本的标签属性？

A．nbsp;　　　　　B．align　　　　　C．color　　　　　D．face

（3）关于文本对齐，源代码设置不正确的一项是（　　　）。

A．居中对齐：<div align="middle">…</div>

B．居右对齐： …

C．居左对齐： …

D．两端对齐： …

（4）下面（ ）是换行符标签？

A．<body>   B．<font>   C．
   D．<p>

（5）下面（ ）是在新窗口中打开网页文档。

A．_self   B．_blank   C．_top   D．_parent

（6）要使表格的边框不显示，应设置 border 的值是（ ）。

A．1   B．0   C．2   D．3

（7）为了标识一个 HTML 文件，应该使用的 HTML 标记是（ ）。

A．<p></ p>   B．<boby></ body>

C．<html></ html>   D．<table></ table>

（8）在 HTML 中，标记<font>的 size 属性最大取值可以是（ ）。

A．5   B．6   C．7   D．8

（9）在网页中，必须使用（ ）标记来完成超级链接。

A．<a>…</a>   B．<p>…</p>

C．<link>…</link>   D．<li>…</li>

（10）有关网页中的图像的说法不正确的是（ ）。

A．网页中的图像并不与网页保存在同一个文件中，每个图像单独保存

B．HTML 可以描述图像的位置、大小等属性

C．HTML 可以直接描述图像上的像素

D．图像可以作为超级链接的起始对象

（11）下列 HTML 标记中，属于非成对标记的是（ ）。

A．<li>   B．<ul>   C．<p>   D．<font>

（12）用 HTML 编写一个简单的网页，网页最基本的结构是（ ）。

A．<html> <head>…</head> <frame>…</frame> </html>

B．<html> <title>…</title> <body>…</body> </html>

C．<html> <title>…</title> <frame>…</frame> </html>

D．<html> <head>…</head> <body>…</body> </html>

（13）主页中一般包含的基本元素有（ ）。

A．超级链接   B．图像   C．声音   D．表格

（14）以下标记符中，用于设置页面标题的是（ ）。

A．<title>   B．<caption>   C．<head>   D．<html>

（15）以下标记符中，没有对应的结束标记的是（ ）。

A．<body>   B．
   C．<html>   D．<title>

（16）若要以加粗宋体、12 号字显示"vbscript"，以下用法中，正确的是（ ）。

A．<font size=12>vbscript</font>

B．<font face="宋体" size=12>vbscript</font>

C．<font size="宋体" size=12>vbscript</font>

        D．<font size="宋体" fontsize=12>vbscript</font>

（17）若要在页面中创建一个图形超级链接，要显示的图形为 myhome.jpg，所链接的地址为 http://www.pcnetedu.com。以下用法中，正确的是（　　　　）。

        A．<a href="http://www.pcnetedu.com">myhome.jpg</a>

        B．<a href=" http://www.pcnetedu.com"><img src=" myhome.jpg"></a>

        C．<img src=" myhome.jpg"><a href ="http://www.pcnetedu.com"></a>

        D．<a href =http://www.pcneredu.com><img src=" myhome.jpg">

（18）以下标记中，用于定义一个单元格的是（　　　　）。

        A．<td> </td>   B．<tr>…</tr>

        C．<table>…</table>   D．<caption>…</caption>

（19）用于设置表格背景颜色的属性的是（　　　　）。

        A．background   B．bgcolor

        C．bordercolor   D．backgroundcolor

（20）要将页面的当前位置定义成名为"vbpos"和锚，其定义方法正确的是（　　　　）。

        A．<a href=:vbpos"></a>   B．<a href=" #vbpos">vbpos</a>

        C．<a name=vbpos>   D．<a name=" vbpos"></a>

（21）用于设置文本框显示宽度的属性是（　　　　）。

        A．size   B．maxLength   C．value   D．length

（22）以下创建 mail 链接的方法，正确的是（　　　　）。

        A．<a href=" master@163.com">管理员</a>

        B．<a href=" callto:master@163.com">管理员</a>

        C．<a href=" mailto:master@163.com">管理员</a>

        D．<a href=" Email:master@163.com">管理员</a>

二、填空题

（1）HTML 网页文件的标记是＿＿＿＿＿，网页文件的主体标记是＿＿＿＿＿，标记页面标题的标记是＿＿＿＿＿。

（2）表格的标签是＿＿＿＿＿，单元格的标签是＿＿＿＿＿。

（3）表格的宽度可以用百分比和＿＿＿＿＿两种单位来设置。

（4）表格有 3 个基本组成部分：行、列和＿＿＿＿＿。

（5）创建一个 HTML 文档的开始标记符＿＿＿＿＿；结束标记符是＿＿＿＿＿。

（6）设置文档标题以及其他不在 Web 网页上显示的信息的开始标记符是＿＿＿＿＿；结束标记符是＿＿＿＿＿。

（7）设置文档的可见部分开始标记符是＿＿＿＿＿；结束标记符是＿＿＿＿＿。

（8）要设置一条 1 像素粗的水平线，应使用的 HTML 语句是＿＿＿＿＿。

（9）<tr>….</tr>是用来定义＿＿＿＿＿；<td>…</td>是用来定义＿＿＿＿＿；<th>…</th>是用来定义＿＿＿＿＿。

（10）设置网页背景颜色为绿色的语句＿＿＿＿＿。

（11）在网页中插入背景图案（文件的路径及名称为/img/bg.jpg）的语句是＿＿＿＿＿。

（12）设置文字的颜色为红色的标记格式是＿＿＿＿＿。

（13）插入图片　<img src="图形文件名">标记符中的 src 英文单词是＿＿＿＿＿。

（14）设定图片高度及宽度的属性是＿＿＿＿＿。

（15）为图片添加简要说明文字的属性是＿＿＿＿＿。

三、操作题

使用 HTML 语言设计并创建一个关于"电影"或"电视剧"的网页，网页中对自己喜欢的三、四部电影或电视剧进行介绍，网页要使用表格进行简单布局，要包含文字、图片和超级链接。

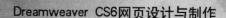
项目四　使用 Dreamweaver CS6 制作基本网页

学习要点

（1）掌握使用 Dreamweaver CS6 创建图文并茂的网页。

（2）掌握使用 Dreamweaver CS6 创建和编辑表格的方法。

（3）熟悉表单及表单对象的基本概念。

（4）掌握在网页中表单域内插入表单元素的方法。

任务一　应用文本、图片等创建简单的个人主页

任务分析

本任务是制作一个由文本和图像组成的个人主页，如图 4-1 所示。该主页还有两个背景图片，一个是网页的背景图片，一个是个人主页内容的背景图片。为了能够设置两个背景，并且还要使网页内容居于浏览器窗口的中间，我们使用表格进行简单的网页布局。

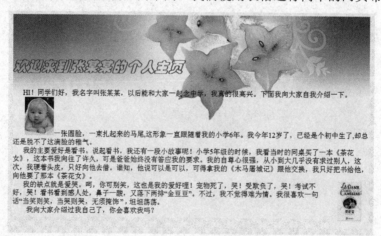

图 4-1　个人主页最终效果

任务实施

（1）启动 Dreamweaver 程序，在菜单中执行"文件"→"新建"命令，打开"新建"对话框。在对话框"空白页"标签下选择"页面类型"列表中的"HTML"选项，创建 HTML 网页。

（2）创建页面后，按 Ctrl+s 键，保存网页到本地站点内，文件命名为"4-1.html"。

（3）单击"设计"按钮切换到"设计"视图，将光标定位于页面的起始位置，选择窗口

下边的"属性"面板中的"页面属性"按钮，在"分类"中选择"外观（HTML）"，如图 4-2 所示，单击"背景图像"后的"浏览"按钮，打开"选择图像源文件"对话框，如图 4-3 所示，选择要作为页面背景的图片"bg.gif"，再单击"确定"按钮，即可设置网页背景。

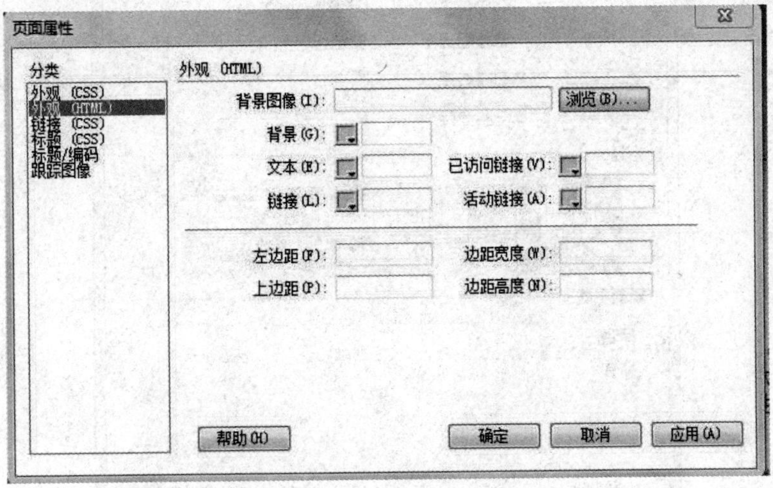

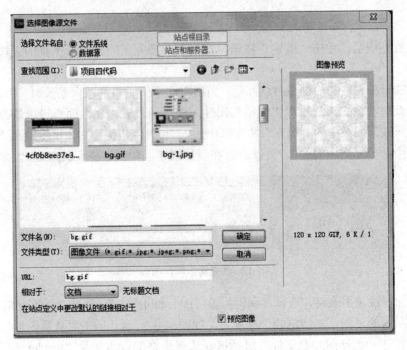

图 4-2　"页面属性"对话框

图 4-3　"选择图像源文件"对话框

（4）将光标定位于页面的起始位置，在菜单中执行"插入"→"表格"命令或单击"插入"面板中的"插入表格"按钮，打开"表格"对话框，在"表格"对话框"行数"文本框中输入"1"；在"列数"文本框中输入"1"；在"表格宽度"文本框中输入"920"（因为主页的背景图片宽度是 920），其后的下拉列表框中选择"像素"作为宽度的单位；"边框粗细"文本框中输入"0"（不显示边框）；其他为默认值，如图 4-4 所示。

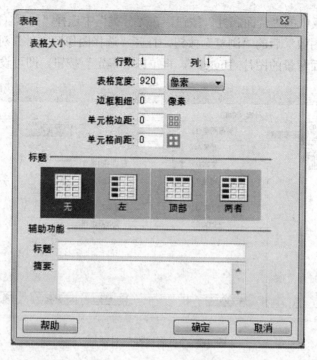

图 4-4 "插入表格"对话框

（5）设置完成后，单击"确定"按钮，在页面中插入了一个 1 行 1 列的表格，用来布局主页页面。

（6）用鼠标在表格的边框线附近移动，当出现水平或垂直的双向箭头时，单击鼠标左键，选中表格，此时在窗口下边出现"表格"属性面板，通过表格属性面板可以修改表格的基本属性。在"属性"面板中的"填充"文本框中输入"0"；"边距"文本框中输入"0"，"对齐"下拉列表框中选择"居中对齐"，设置表格在页面居中，如图 4-5 所示。

图 4-5 "表格"属性面板

（7）鼠标右键单击表格，选择"编辑标签（E）<table>…"，打开"标签编辑器-table"对话框，选择左侧的"浏览器特定的"选项后，如图 4-6 所示。单击"背景图像"右侧的"浏览"按钮，打开"选择图片源文件"对话框，选择表格的背景图片"header.jpg"，单击"确定"按钮，即可设置表格的背景图片。设置背景图片表格的效果如图 4-7 所示。

（8）选择表格，单击"代码"按钮切换到"代码"视图，在"<table>"标签中加入"style"属性 style="background-repeat:no-repeat"来设置背景图片不重复，保存网页文件。

该表格对应的<table>标签的完整代码如下：

```
<table width="920" border="0" align="center" cellpadding="0" cellspacing="0"
background="header.jpg " style="background-repeat:no-repeat" >
```

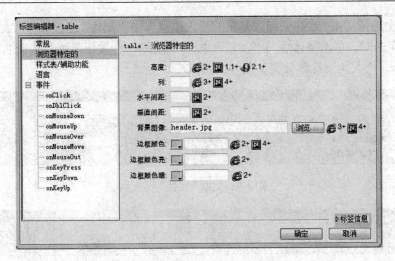

图 4-6　"标签编辑器-table"对话框

图 4-7　设置背景图片表格的效果

（9）单击"设计"按钮切换到"设计"视图，将鼠标放置在页面开头，单击两次"enter"键，将光标定位到第 3 行，输入文本"欢迎来到张某某的个人主页"后，拖动鼠标选择这些文本，单击 CSS"属性"面板切换到 CSS，在"字体"中选择"华文彩云"后打开"新建 CSS 规则"对话框，在该对话框中"选择器类型"下拉列表框中选择"类（可应用于任何 HTML 元素）"项，在选择器名称框中输入"style1"，在"规则定义"下拉列表框中选择"（仅限该文档）"项，单击"确定"按钮返回"属性"面板，如图 4-8 所示。

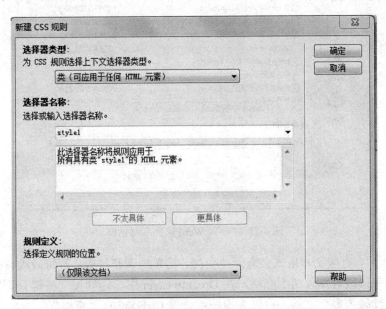

图 4-8　"新建 CSS 规则"对话框

（10）再次选择文本"欢迎来到张某某的个人主页"，在"属性"面板设置"大小"为"36"，"颜色"为"#F0F"，单击字体后的"加粗" **B** 和"倾斜" *I* 按钮，该样式命名为"style1"，如图 4-9 所示。个人主页标题效果如图 4-10 所示。

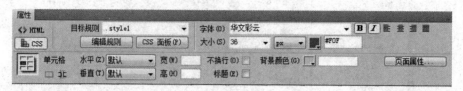

图 4-9   文本"属性"面板

图 4-10   个人主页标题效果

（11）将光标定位到文本"欢迎来到张某某的个人主页"的下一段段首，在菜单中执行"文件"→"导入"→"Word 文档（W）"命令，在"导入 Word 文档"对话框中选择"jieshao.docx"，单击"确定"按钮，如图 4-11 所示。即可将预先编辑好的 Word 文档导入到当前光标所在位置，也可以将这些文本信息直接输入到网页中。

图 4-11   "导入 Word 文档"对话框

（12）导入后，有些文本格式会有一些变化，简单地调整排版。若每段段首的两个空格消失了，可以在每段段首加入两个空格，在 Dreamweaver 中，连续按空格键只识别一个空格，所以若需要连续输入多个空格，可以多次按组合键 Ctrl+Shift+"空格"。

（13）将光标定位在第一段（"HI"前）开始位置，单击"常用"面板上的"图像"按钮或在菜单中执行"插入"→"图像"命令，打开"选择图像源文件"对话框，选择要插入的图片"xiaohai.jpg"，在单击"确定"按钮，即可在网页中插入一张图片。

（14）在该图片的"属性"面板中设置"高"为"95"，"宽"为"76"，输入替换文本"半岁时期的照片"，如图 4-12 所示。

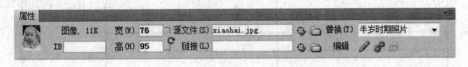

图 4-12　图像的"属性"面板

（15）同样方法在第四段后（"茶花女"后）插入图片"chahua.jpg"，修改其"高"为"134"，"宽"为"99"，设置替换文本"茶花女照片"。右键单击该图片，选择快捷菜单"对齐"→"右对齐"命令，使其右对齐。

（16）选择网页标题以外的所有正文内容，单击 CSS "属性"面板切换到 CSS，在"字体"中选择"宋体"，打开"新建 CSS 规则"对话框，在该对话框中"选择器类型"下拉列表框中选择"类（可应用于任何 HTML 元素）"项，在选择器名称框中输入"style2"，在"规则定义"下拉列表框中选择"（仅限该文档）"项单击"确定"按钮。在"属性"面板中设置文字颜色为"#000"黑色，大小为"18"，该样式命名为"style2"，如图 4-13 所示。

图 4-13　"style2"类属性面板

（17）这时一个图文并茂的个人主页制作完成，保存网页后预览即可。

任务实施

为自己设计一个个人主页。

任务二　使用表格制作个人简历网页

任务分析

完成个人简历表格的制作，效果如图 4-14 所示。这是一个简历表格，所以要使用表格并设置相应的格式（如表格的行高、列宽、边框、间距、背景色、对齐方式等；文字的字体、字号、颜色等）。通过观察发现，这个简历应该是由两个表格组成，"教育背景"行向上是一个三列的表格，"教育背景"行向下是一个两列的表格。

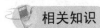相关知识

1. 表格的作用
由前面的学习，我们已经知道表格在网页制作中的作用——存放数据和布局页面。

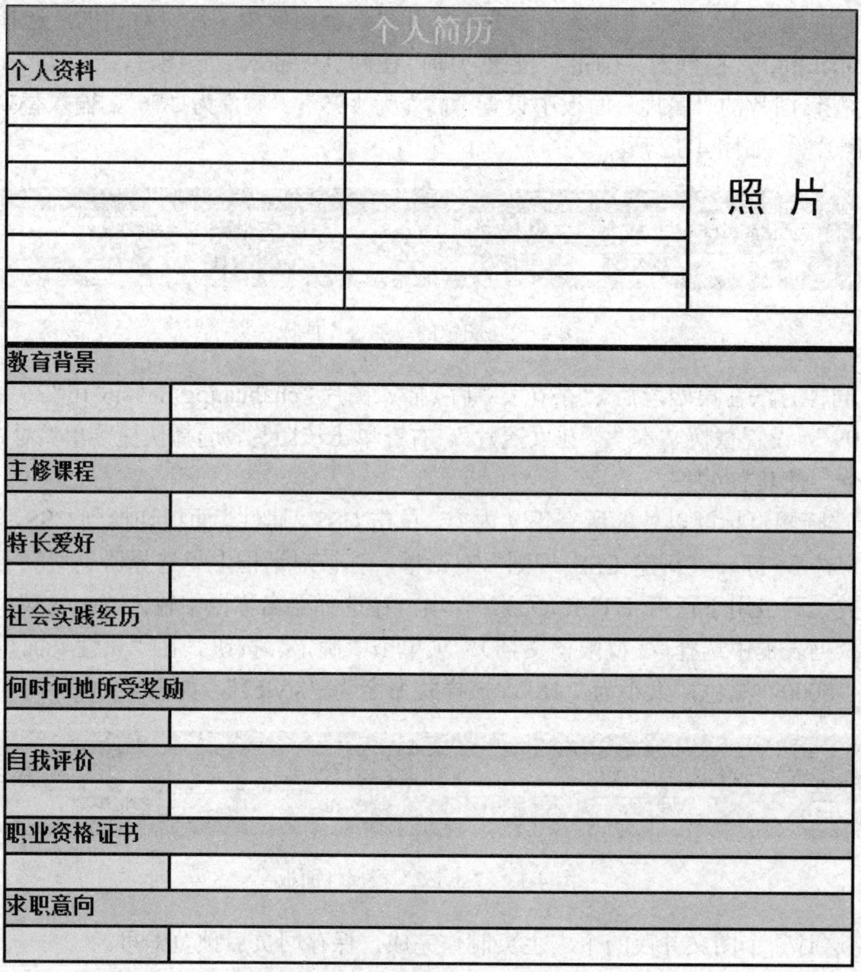

图 4-14　个人简历网页效果

2．插入表格

步骤：

（1）单击网页中需要插入表格的地方。

（2）在菜单中执行"插入"→"表格对象"→"表格"命令，或者单击"常用"工具面板里的"表格"按钮 ，或者运用组合键 Ctrl+Alt+T。

3．设置表格属性

选择表格对象，通过"属性"面板来设置或修改表格属性。

（1）行数和列数："增加/删除"行或列。

（2）表格宽度：表示表格在页面中宽度的大小。"像素"设置的是表格宽度的实际值；"百分比"设置的是表格与页面宽度的相对比值，表格宽度根据当前页面宽度而变化。

（3）边框粗细：设置表格边框的粗细效果。

（4）单元格边距：是指单元格中填充内容距离边框的距离大小。

（5）单元格间距：是指相邻单元格之间的距离。

通过图 4-15 可理解表格边框、单元格边框、间距、填充（边距）。

图 4-15 边框、间距、边距示意图

◈ 任务实施

通过前面的内容可知，使用 Dreamweaver CS6 软件创建网页有两种方式——代码方式和设计窗口方式。前面项目三中已经介绍了使用代码创建和编辑表格，这里用设计窗口方式创建和编辑表格。

（1）启动 Dreamweaver CS6 程序，在菜单中执行"文件"→"新建"命令，打开"新建"对话框。在对话框"空白页"标签下选择"页面类型"列表中的"HTML"选项，创建 HTML 网页。

（2）创建页面后，按 Ctrl+S 键，保存网页到本地站点内，文件命名为"4-2.html"。

（3）单击"设计"按钮切换到"设计"视图，将光标定位于页面的起始位置，选择"插入"→"表格"菜单命令或单击"插入"面板中的"插入表格"按钮，打开"表格"对话框，在"表格"对话框中"行数"文本框中输入"9"；在"列数"文本框中输入"3"；在"表格宽度"文本框中输入"780"，其后的下拉列表框中选择"像素"作为宽度的单位；"边框粗细"文本框中输入"1"，如果不显示边框，可以将边框的粗细设置为"0"；其他为默认值，如图 4-16 所示。表格的宽度设为"像素"，表格的宽度是固定的像素，不随浏览器的窗口变化而变化；表格的宽度还可设置为"百分比"，则表格的宽度不固定，随浏览器的窗口的变化而改变表格的宽度，以保持表格所占浏览器窗口的百分比不变。

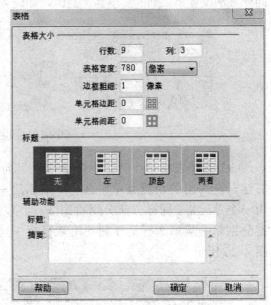

（4）设置完成后，单击"确定"按钮，在页面中插入了一个 9 行 3 列的表格。

（5）用鼠标在表格的边框线附近移动，当出现水平或垂直的双向箭头时，单击鼠标

图 4-16 个人简历表格设置

左键，选中表格，此时在窗口下边出现"表格"属性面板，通过"表格"属性面板可以修改表格的基本属性。在"属性"面板中的"填充"文本框中输入"0"；"间距"文本框中输入"0"，"对齐"下拉列表框中选择"居中对齐"，设置表格在页面居中，如图 4-17 所示。

（6）保存网页文件。以后不再提示保存，请读者注意随时保存网页。

图 4-17 "表格"属性面板

（7）将鼠标在第 1 行的左边框外移动，当鼠标变成向右的黑色箭头时单击鼠标左键，选中第 1 行，在"属性"面板中的"高"文本框中输入"40"，设置第 1 行的高度为 40，如图 4-18 所示。同样方法设置 2-9 行的高度为"30"。

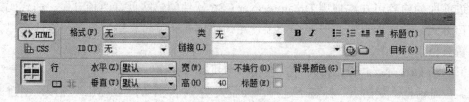

图 4-18 第一行行高属性设置

（8）将鼠标在第一列的上部附近移动，当鼠标变成向下的黑色箭头时单击鼠标左键，选中第一列，在"属性"面板中的"宽"文本框中输入"310"，设置第一列的高度为 310 像素；同样方法设置第二列的宽度为"310"，如图 4-19 所示。

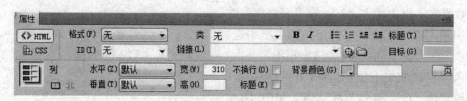

图 4-19 列宽"属性"面板

（9）选择表格第一行，单击"属性"面板的"合并所选单元格"按钮▣或单击鼠标右键，在弹出的快捷菜单中选择"表格"→"合并单元格"，将第一行所有单元格合并为一个单元格。同样方法分别将第 2 行、第 9 行的所有单元格合并成一个单元格；按 Ctrl 键分别单击从第 3 行第 3 列到第 8 行第 3 列的 6 个单元格，将其合并为一个单元格，如图 4-20 所示。

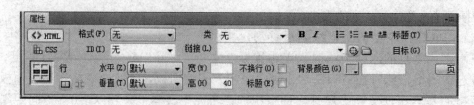

图 4-20 "属性"面板的"合并所选单元格"

（10）在单元格中输入简历的前 9 行文本内容，具体见图 4-21。

个人简历	
个人资料	
姓名：张某某	**婚姻状况**·**未婚**
性别：女	政治面貌：中共预备党员
出生年月日：1996.10.7	民族：汉
学历：大专	联系电话：12345678901
毕业学校：北京职业学院	电子邮件：zhang@sina.com
专业：计算机网络	外语水平：A级
地址：北京市海淀区北京职业学院信计算机系	

图 4-21　个人简历上部内容

（11）分别选择第 1 行，在其"属性"面板中的"水平"下拉列表框中选择"居中对齐"；在"垂直"下拉列表框中选择"居中"，来设置单元格内容的水平和垂直对齐方式；背景颜色设置为"#4DC5D6"，如图 4-22 所示。同样方法设置第 2 行垂直对齐方式为"居中"，背景颜色为"#A5F2F3"；分别设置 3～9 行的垂直对齐方式为"居中"；设置第 3 行第 3 列的单元格水平对齐方式为"居中对齐"。

图 4-22　第 1 行"属性"面板

（12）按住鼠标左键并拖动，选中"个人简历"四个字，在单击 CSS "属性"面板切换到 CSS，在"字体"中选择"宋体"，打开"新建 CSS 规则"对话框，在该对话框中"选择器类型"下拉列表框中选择"类（可应用于任何 HTML 元素）"项，在选择器名称框中输入"style1"，将样式命名为"style1"，在"规则定义"下拉列表框中选择"（仅限该文档）"项单击确定按钮。在"属性"面板中设置文字颜色为"#BCDD11"，大小为"28"，类型为"粗体"，如图 4-23 所示。同样方法将第 2 行将"个人资料"的设置字体为"宋体"，大小为"20"，类型为"粗体"，命名样式为"style2"；将第 3 行"姓名"单元格格式设置为"宋体"，大小为"12px"，命名样式为"style3"。将第 3～9 行其他文字应用样式"style3"来设置这些文字的格式。

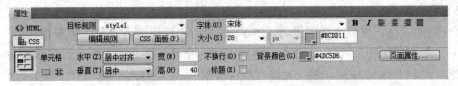

图 4-23　"个人简历"文本样式设置面板

（13）将光标定位到"婚姻状况"右侧的第 3 行第 3 列单元格中，选择"插入"面板中的"图像"按钮或在菜单中执行"插入"→"图像"命令，打开"选择图像源文件"对话框，选择要插入的图像"3.jpg"，如图 4-24 所示，单击"确定"按钮即可在单元格中插入照片。

图 4-24 "选择图像源文件"对话框

（14）选中该照片，在其"属性"面板中"替换"后的文本框中输入替换文本"张某某照片"；单击"切换尺寸约束"按钮，将图片约束状态改为"非约束"，按钮由🔒改变为🔓，在"宽"后的文本框中输入"129"，"高"后的文本框输入"175"，来改变图像的尺寸大小，如图 4-25 所示。如果出现图像尺寸大于单元格尺寸的情况，可将鼠标置于表格的下边线或右边线后双击，表格会自动调整其尺寸与图像相适应。

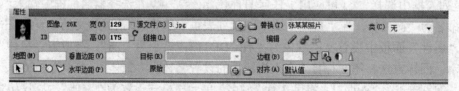

图 4-25 照片"属性"面板

（15）将光标置于表格"地址"行的下一行，选择"插入"面板的"表格"按钮，插入一个 17 行 2 列的表格。设置表格宽度为"780"像素，边框粗细为"1"，填充距离为"0"，边距为"0"；第 1 列宽度为"150"像素；将第 1 行两个单元格合并，所有行高设置为"30"，背景颜色设置为"#A5F2F3"，输入标题"教育背景"，应用样式"style2"。第 2 行和第 3 行第 1 列背景色为"#F1FAC0"；第 2 列输入具体教育背景后，应用样式"style3"。

（16）按照（15）步骤的方法，将第 4、6、8、10、12、14、16 行的行高设置为"30"，背景颜色设置为"#A5F2F3"，在其中分别输入"主修课程""特长爱好""社会实践经历""所受奖励""自我评价""职业资格证书""求职意向"内容，应用样式"style2"；将第 5、7、9、11、13、15、17 行的行高设置为"30"，第 1 列背景颜色设置为"#F1FAC0"，在这些行的第 2 列中分别输入相应的具体内容后，应用样式"style3"，如图 4-26 所示。

（17）保存该网页，个人简历制作完成。

教育背景	
2010.9—2012.7	北京大兴职业学校信息专业
2012.9—2014.7	北京职业学院计算机系
主修课程	
	网络工程、网络操作系统、网络运行与维护、网络安全、
特长爱好	
	爱好音乐与歌唱；平时写一些小的文学作品
社会实践经历	
	2010年暑假去山西进行社会实践； 2013年寒假在网吧担任网络管理员
何时何地所受奖励	
	2013年获优秀学生干部； 2012~2103年获二等奖学金； 学校"校园之星"第三届歌手大赛第五名
自我评价	
	除了有专业方面知识外，我在小生活部工作一年，在系宣传部和秘书处工作一年。为全面发展，大三第二学期，我加入系文学社，参与我系《心韵》杂志的创刊和编辑工作。在这些过程中锻炼了我的领导和团队合作能力，学会了更好地与人相处，这些在我以后的工作中会有很大的帮助
职业资格证书	
	通过计算机专业英语四级，能熟练进行听说读写译；普通话水平测试证书；国家计算机二级证书；网络工程师证书；网页设计师证书
求职意向	
	网络管理员、网络编辑、网页设计、网络工程施工

图 4-26　个人简历下部分内容

任务拓展

（1）制作足球明星相册，具体效果见图 4-27。

图 4-27　"足球明星"网页

　要　求

（1）标题"足球明星"设置字体：黑体、大小为 36 像素、颜色为#FFCC33、居中对齐。

（2）创建导航位置的表格 1 行 5 列、表格宽度为 700 像素、边框为 0、填充 3、间距 0、背景颜色为#FF99CC、每个单元格必须宽度相同，且里面的文字居中对齐。

（3）设置网页背景颜色为#009900，设置导航链接。

（4）创建图像展示表格 3 行 4 列，该表格具体样式及要求见表 4-1。

表 4-1 　　　　　　　　　"足球明星"网页表格样式要求

表格样式	要求	表格样式	要求
宽度	700 像素	单元格间距	10 像素
边框粗细	1 像素	表格背景颜色	#006600
边框颜色	#003333	第一行背景颜色	#66FFCC
单元格边距	10 像素	第二行背景颜色	#FFFF66

（2）制作自己的求职简历，具体效果可参考图 4-28。

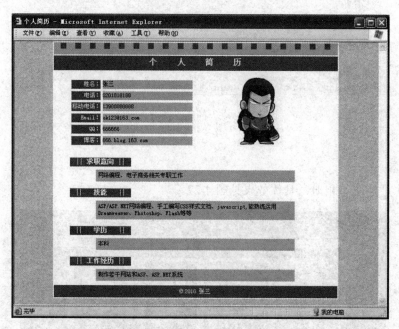

图 4-28　个人求职简历具体效果图

任务三　表单页面制作

任务分析

本任务制作一个用户注册的网页，通过该表单网页给浏览者一个注册成为网站用户的界面。能根据注册页面内容分析对应的表单对象并适当设置参数，如图 4-29 所示。

相关知识

使用表单，可以帮助 Internet 服务器从用户那里收集信息，例如收集用户资料、获取用户订单、调查问卷等。在 Internet 上存在大量的表单，让用户输入文字、上传文件并进行选择等操作。

1. 表单的工作过程

（1）访问者在浏览有表单的页面时，填写必要的信息，然后单击"提交/确认"按钮进行网页提交。

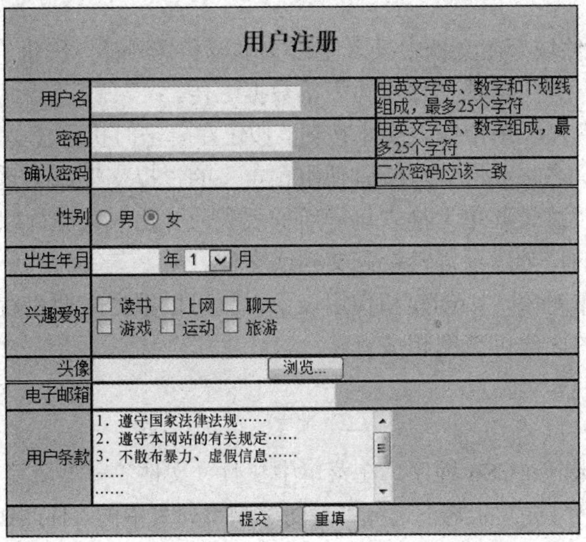

图 4-29 "用户注册"网页

（2）这些信息通过 Internet 传送到服务器上。

（3）服务器上有专门的程序对这些数据进行处理，如果有错误会返回错误信息，并要求纠正错误。

（4）在确认数据完整无误后，服务器反馈一个输入成功完成信息。

2．表单对象

在 Dreamweaver CS6 中，表单输入的类型称为表单对象。可以通过选择"插入"→"表单对象"或"插入"面板中的"表单"项来插入表单对象，如图 4-30 所示。

（1）表单。"表单"对象可在文档中插入表单。任何其他表单对象，如文本域、按钮、单选按钮等，都必须插入表单之中，这样所有浏览器才能正确处理这些数据。

图 4-30 "表单"面板

（2）文本域。"文本域"可以在表单中插入文本域。文本域可接受任何类型的字符项。输入的文本可以显示为单行、多行或者显示为项目符号或星号（用于保护密码）。

（3）复选框。"复选框"可在表单中插入复选框。复选框允许在一组选项中同时选择多项，用户可以选择任意多个适用的选项。

（4）单选按钮。"单选按钮"在表单中插入单选按钮。单选按钮代表互相排斥的选择。选择一组中的某个按钮，就会取消选择该组中的所有其他按钮。例如，用户可以选择"喜欢"或"不喜欢"。

（5）单选按钮组。"单选按钮组"插入共享同一名称的单选按钮的集合。

（6）选择（列表/菜单）。"列表/菜单"可以在列表中创建用户选项。"列表"选项在滚动列表中显示选项值，并允许用户在列表中选择多个选项。"菜单"选项在弹出式菜单中显示选项值，而且只允许用户选择一个选项。

（7）图像域。"图像域"可以在表单中插入图像。可以使用图像域替换"提交"按钮，以生成图形化按钮。

（8）文件域。"文件域"在文档中插入空白文本域和"浏览"按钮。文件域使用户可以浏览到其硬盘上的文件，并将这些文件作为表单数据上传。

（9）按钮。"按钮"在表单中插入文本按钮。按钮在单击时执行任务，如提交或重置表单。可以为按钮添加自定义名称或标签，或者使用预定义的"提交"或"重置"标签之一。

（10）跳转菜单。"跳转菜单"插入可导航的列表或弹出式菜单。跳转菜单允许插入一种菜单，在这种菜单中的每个选项都链接到文档或文件。

认识了表单和表单对象，则创建和使用表单时就可以根据需要进行选择并创建。想进一步了解更多表单对象的同学可查阅相关资料。

⚓ 任务实施

（1）启动 Dreamweaver CS6 程序，在菜单中执行"文件"→"新建"命令，打开"新建"对话框。在对话框"空白页"标签下选择"页面类型"列表中的"HTML"选项，创建 HTML 网页。

（2）创建页面后，按 Ctrl+S 键，保存网页到本地站点内，文件命名为"form.html"。

（3）单击"设计"按钮切换到"设计"视图，在菜单中执行"插入"→"表单"→"表单"命令，在页面中插入表单域，如图 4-31 所示。表单域是表单的范围，在网页中以红色虚线表示，也是插入表单元素的前提条件，所有的表单对象都放在表单域中，代码中以<form></form>格式表示。

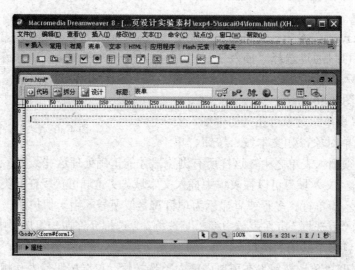

图 4-31　表单域

（4）将光标放到表单域中，选择常用面板上的"插入"→"表格"按钮，在表单域中插入 10 行 3 列的表格。用鼠标选中表格，打开属性面板。设置其宽度为 500 像素，间距值为 0，在"对齐"下拉列表中选择"居中对齐"选项。在表单域中插入表格，是为了更好地布局表单元素。"间距"表示表格与表格之间的距离，"对齐"方式是显示表格在页面的位置。

（5）完成表格的属性设置后，按下键盘 Ctrl+S 键或在菜单中执行"文件"→"保存"命令，保存页面。

（6）拖动鼠标，选中表格第一行的所有单元格，单击鼠标右键，在快捷菜单中执行"表格"→"合并单元格"命令，输入文字"用户注册"，然后选中文字打开属性面板，单击面板"水平"下拉列表中的"居中对齐"，使文字移动到表格的中间位置，如图 4-32 所示。

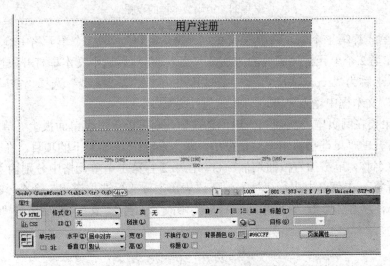

图 4-32　在页面中第一行效果

（7）在第 2 行第 1 个单元格中输入文字"用户名"；第 3 个单元格中输入"由英文字母、数字和下划线组成，最多 25 个字符"；单击第 2 个单元格，然后在菜单中执行"插入"→"表单"→"文本域"命令或单击表单面板中"文本字段"按钮，插入文本域。

（8）选中插入的文本框，打开属性面板，在"文本域"下面的文本框中输入"name"，这是文本框的名称；在"字符宽度"文本框中输入"25"；"类型"选择"单行"单选按钮；"最多字符数"文本框中输入"25"；"初始值"为默认，文本框属性设置如图 4-33 所示。

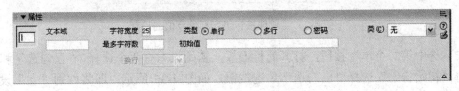

图 4-33　文本框属性设置

文本字段是用户在网页中输入信息和数据的窗口，是用户和网站之间进行交互信息和数据的重要条件。但它不适合长篇文字和图片的输入。在文本字段的属性面板上有"最多字符数"设置，如果对文本字段没有字符限制，可以不输入任何数值；如果要限制字符，则可以输入限制的数值。注意，一个中文字符占两个宽度。

（9）在第 3 行第 1 个单元格中输入文字"密码"，第 3 个单元格中输入"由英文字母、数字组成，最多 25 个字符"，在第 2 个单元格按同样的方法插入文本域，然后选中文本框打开属性面板，在"文本域"中输入名称为"password"，"字符宽度"为"25"，"类型"选择"密码"单选按钮，"最多字符数"文本框中输入"25"；"初始值"为默认，如图 4-34 所示。

文本域类型为"密码"时，输入的文本以星号显示，以保护密码。

图 4-34　密码文本框的设置

（10）在第 4 行第 1 个单元格中输入文字"确认密码"，第 3 个单元格中输入"二次密码应该一致"，在第 2 个单元格按同样的方法插入文本域，然后选中文本框打开属性面板，在"文本域"中输入名称为"repassword"，"字符宽度"为"25"，"类型"选择"密码"单选按钮，"最多字符数"文本框中输入"25"；"初始值"为默认。

（11）如果要在网页中一次插入一组单选按钮，则可以单击表单面板上"单选按钮组"按钮，然后在打开的"单选按钮组"对话框中，输入 label（标签）下的项目，在"名称"文本框中输入项目名称，单击加号按钮增加项目。在第 5 行第 1 个单元格中分别输入"性别"；单击第 2 个单元格，在菜单中执行"插入"→"表单"→"单选按钮组"命令，在对话框中的名称输入"sex"，通过单击"+"按钮，将标签修改为"男""女"，然后单击"确定"按钮，如图 4-35 所示。

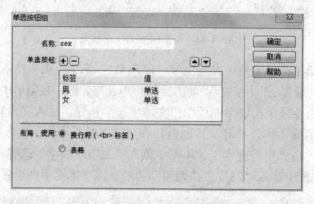

图 4-35　"单选按钮组"标签及值的设置

（12）选中第二个单选按钮，打开属性面板，初始状态有两个选择，"已勾选"和"未选中"。将"初始状态"选择"已勾选"单选按钮，如图 4-36 所示，即将性别"女"设为默认选项。

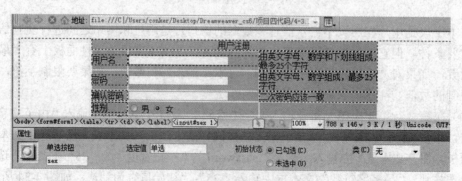

图 4-36　"单选按钮组"属性设置

（13）在第 6 行第 1 个表格中输入"出生年月"；在第 2 个单元格插入一个文本域，然后选中文本框打开属性面板，在"文本域"中输入名称为"year"，"字符宽度"为"4"，"类型"选择"单行"单选按钮，"最多字符数"文本框中输入"4"；"初始值"为默认；在文本框后输入"年"；然后单击表单面板中的"列表/菜单"按钮▓，在"年"旁边插入"列表/菜单"框；在"列表/菜单"框右侧输入"月"。

（14）选中"列表/菜单"框，单击属性面板上的 列表值... 按钮，打开"列表值"对话框，在"项目标签"下面分别输入 12 个月，如 1、2……12，单击 ➕ 按钮可增加项目，单击 ➖ 按钮可删除项目，右边的 ▲ ▼ 两个按钮可用来调整项目的上下位置，如图 4-37 所示。

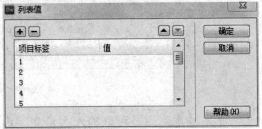

图 4-37 "列表/菜单"列表值设置

（15）单击"确定"按钮，返回属性面板，在"初始化时选定"文本框中出现了刚才设置的项目标签，然后在"类型"选项区选择"列表"单选按钮，如图 4-38 所示。

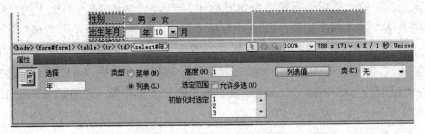

图 4-38 "列表/菜单"属性设置

（16）在第 7 行第 1 单元格输入"兴趣爱好"；将光标定位到第 2 单元格，选择"表单"面板中的"复选框组"。在弹出的对话框中，"名称"输入"aihao"，在标签中输入"读书""上网""聊天""游戏""运动""旅游"，同单选按钮组的操作方法类似。

（17）在第 8 行第 1 个单元格中输入"头像"；将光标定位到第 2 个表格中，然后单击"表单"面板中的"文件域"按钮，在第 2 单元格中插入文件域，接着在属性面板中的"文件域名称"中输入"file"，如图 4-39 所示。

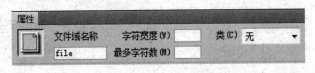

图 4-39 文件域属性设置

文件域是用来选择本地硬盘上文件夹目录地址，其后面有 浏览... 按钮，单击它可选择文件目录，允许用户上传文件。

（18）第 9 行第 1 单元格中输入"电子邮箱"；第 2 个单元格中插入一个文本域，将文本域的名称设置为"email"。

（19）在第 10 行第 1 单元格中输入"用户条款"；将光标定位在第 2 个单元格中，然后单击表单面板上的"文本区域"按钮▓，插入文本域。

（20）选中文本域，打开属性面板，在"文本域"下输入名称"rule"，在"字符宽度"中输入"30"，在"行数"中输入"5"，在"类型"选项中选择"多行"单选取按钮，选择"只读"复选框，使浏览网页的用户不能更改文本域的内容，在初始值中输入网站的一些规定条款，如图 4-40 所示。

图 4-40   "文本域"属性设置

文本域实际上是可以输入大量文字内容的文本框。如果输入的文本超出文本框的范围，在浏览时文本框时会自动出现下拉滚动条，以便用户浏览。"文本域""文本字段"和"密码字段"的区别就是在选择的"类型"不同，其中"密码"文本域在用户输入时以"*"号显示。

（21）将光标定位到最后一行第 2 个单元格中，连续两次单击插入面板上的"表单"→"按钮" ⬚。在表格中插入两个按钮，其中一个是"提交"按钮，一个是"重填"按钮。

（22）选中第一个按钮，打开属性面板，在名称中输入"submit"，在"值"文本框中输入"提交"，在"动作"选项中选择"提交表单"单选按钮，如图 4-41 所示。选择第二个按钮，在属性面板中的名称中输入"reset"，在"值"中文本框中输入"重填"，"动作"选择"重设表单"选项。

图 4-41   "提交"按钮属性设置

（23）插入表单中各个需要的元素之后，整个表单页面的结构就制作完成了，如图 4-42 所示。

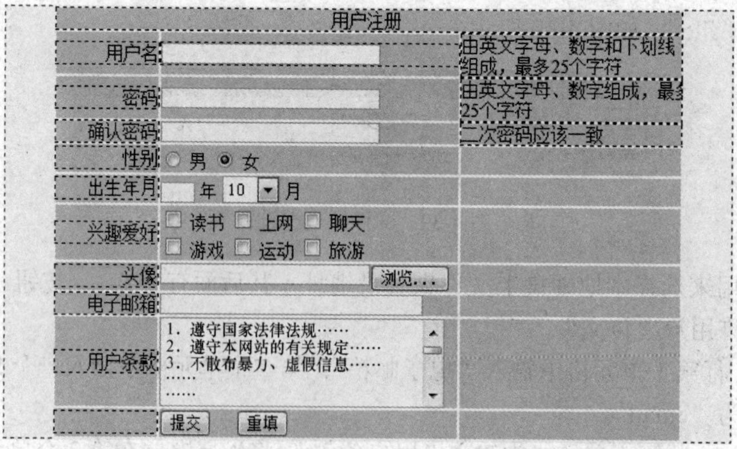

图 4-42   "用户注册"网页编辑效果

（24）最后，可以选择相应的单元格，然后打开"属性"面板，设置合适文本格式、对齐方式和页面单元格的背景，使表格中的内容对齐而美观，如图 4-43 所示。

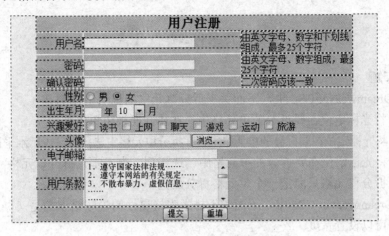

图 4-43 "用户注册"网页格式编辑效果

在本实例中主要是先介绍表单页面的布局制作和在表单中如何插入表单元素。读者在制作时要注意文字和表单元素的一一对应。

 任务拓展

请完成如图 4-44 所示的"个人信息"表单网页。

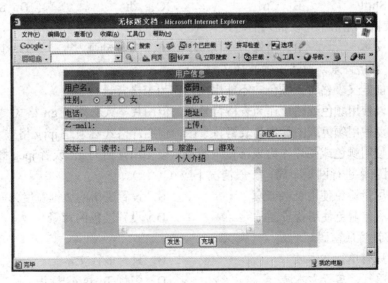

图 4-44 "个人信息"表单页面

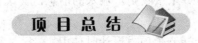 **项 目 总 结**

通过三个任务，我们进一步学习了使用 Dreamweaver CS6 创建网页的基本方法，利用"设计"视图在网页中创建并编辑表格，能够利用表格进行网页的简单布局。了解了表单和表单

对象的基本概念，掌握如何建立表单及在表单内插入表单的各个元素，能够在建立表单后熟练运用表单属性面板设置表单属性。

自 我 评 测

一、选择题

（1）在 Dreamweaver CS6 中，下面关于拆分单元格的说法错误的是（　　）。

　　A．将光标定位在要拆分的单元格中，在属性面板中单击按钮

　　B．将光标定位在要拆分的单元格中，在拆分单元格中选择行，表示水平拆分单元格

　　C．将光标定位在要拆分的单元格中，选择列，表示垂直拆分单元格

　　D．拆分单元格只能把一个单元格拆分成两个

（2）在 Dreamweaver CS6 中，下面关于排版表格属性的说法错误的是（　　）。

　　A．可以设置宽度

　　B．可以设置高度

　　C．可以设置表格的背景颜色

　　D．可以设置单元格间的距离，但不可以设置单元格内部的内容和单元格边框之间的距离

（3）按住（　　）键，同时在想要选中的排版单元格内任意处单击鼠标，可以快速选中单元格。

　　A．Shift　　　　　　B．Ctrl　　　　　　　C．Alt　　　　　　　D．Shift+Alt

（4）在表格单元格中可以插入的对象有（　　）。

　　A．文本　　　　　　B．图像　　　　　　　C．flash 动画　　　D．以上都可以

（5）关于表格背景，说法正确的是（　　）。

　　A．能定义表格背景颜色，不能用图片作为表格背景

　　B．以使用颜色或图片作为表格背景图，但图片格式必须是 gif 格式

　　C．以使用颜色或图片作为表格背景图，但图片格式必须是 jpeg 格式

　　D．使用颜色或图片作为表格背景图，可以使用任何的 gif 或者 jpeg 图片文件

（6）使用表格进行网页布局，一般情况下应（　　）。

　　A．尽量避免使用表格嵌套　　　　　B．设置表格的边框宽度为 0

　　C．尽量避免使用背景图片　　　　　D．设置淡色的背景

（7）能够设置成密码域的是（　　）。

　　A．只有单行文本域　　　　　　　　B．只有多行文本

　　C．单行、多行文本域　　　　　　　D．多行 Textarea 标识

二、填空题

（1）通常使用表单的文本域来接收用户输入的信息，文本域包括_____、_____、_____。

（2）若要从一组选项中选择一个项，设计时使用_____；若要从一组选项中选择多个选项，设计时使用_____。

（3）按钮的作用是控制表单的操作。一般情况下，表单中设有_____、_____和

_____三种按钮。

三、操作题

设计一个关于同学对学生食堂各方面建议的调查表，用表格对调查表布局。

操作提示：

（1）在 Dreamweaver CS6 编辑窗口下，创建 HTML 网页。

（2）保存页面，命名为 form.htm。

（3）在页面中插入表单域，然后插入表格。

（4）在表格中插入各项表单元素及文字。

（5）表单制作页面完成后，保存页面。

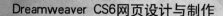
项目五　超级链接与页面导航

学习要点

（1）熟练使用超级链接实现页面跳转。

（2）熟练使用图像地图。

（3）熟练使用导航菜单。

（4）熟练使用跳转菜单。

任务一　应用超级链接实现页面跳转

通过本任务的学习，能够使用 Dreamweaver 创建超级链接，实现页面间的跳转。

任务分析

本任务在网页"4-1.html"中创建文本、锚记和图片超级链接，通过这三个超级链接实现页面的跳转，如图 5-1 所示。

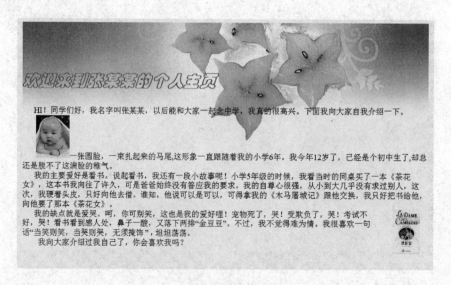

图 5-1　项目五任务一的最后效果

任务实施

（1）创建一个文件夹"project5"，将项目四中创建的三个网页及相关图片等资料存入该文件夹。

（2）启动 Dreamweaver 程序，创建一个本地站点"项目五"，本地站点文件夹为"project5"。

（3）新建一个关于茶花女电影相关资料介绍的网页"film.html"。在"文档"工具栏的"标题"文本框中输入网页标题"茶花女电影资料"。单击"属性"面板的"页面属性"，选择"链接（CSS）"，单击"加粗"按钮、"链接颜色"为"#C3C"，"已访问链接"颜色为"#93C"，如图 5-2 所示，单击"确定"按钮，即可修改超级链接文本的格式。

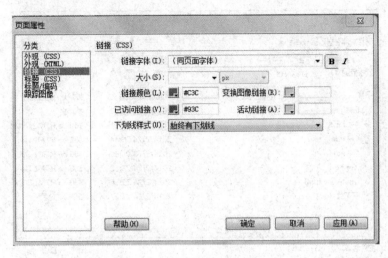

图 5-2　"页面属性"对话框

（4）选择菜单"文件"→"导入"→"Word 文档（W）…"命令，将 Word 文件"茶花女.docx"导入到网页中，并进行简单排版。保存网页并预览。

（5）选择 4-1.html 文件中的第三段开始中的文本"《茶花女》"，选择"常用"面板中的"超级链接"按钮 打开"超级链接"对话框，如图 5-3 所示。在"目标"中选择"_self""链接"后的文本框中输入"film.html"或单击"浏览"按钮，在弹出的"选择文件"对话框中选择"film.html"，如图 5-4 所示。单击"确定"按钮，即可创建超级链接。

图 5-3　"超级链接"对话框

（6）由于"茶花女"文本上创建了超级链接，因此现在该文本颜色由原来的黑色变为刚才第（3）步骤中设置的"加粗"格式和"链接颜色"为"#C3C"。保存网页"4-1.html"，并预览该超级链接效果。

（7）选择 4-1.html 文件中的第三段最后的文本"《茶花女》"，点击"属性"面板"链接"右侧的"指向按钮"并拖动鼠标到"文件"面板中的相应网页文件"film.html"，拖动过程中会出现一条带箭头的线，如图 5-5 所示。当箭头指向浏览文件"film.html"时松开鼠标左键，在"链接"后的文本框中自动生成一个超级链接路径，链接的目标页是文件"film.html"。在"目标"后的下拉列表框中选择"_blank"，即点击超级链接时，在新浏览器窗口中打开文件"film.html"。

图 5-4 "选择文件"对话框

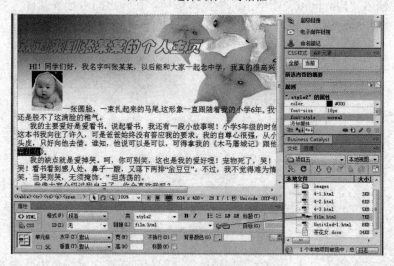

图 5-5 拖动鼠标创建超级链接

（8）保存网页"4-1.html"并预览该超级链接效果。

（9）选择网页中"chahu.jpg"，在"属性"面板中的"链接"右侧的文本框中输入 http://tieba.baidu.com/f?kw=%B2%E8%BB%A8%C5%AE，链接到"百度茶花女贴吧"。

（10）打开网页文件"film.html"，将光标定位到"剧情简介"之前，单击菜单"插入"→"命名锚记"命令或"插入"面板中"常用"的"命名锚记"按钮，如图5-6所示。在弹出的"命名锚记"对话框中输入锚记名"jieshao"，单击确定按钮即可在"剧情介绍"位置放入一个锚记"jieshao"。

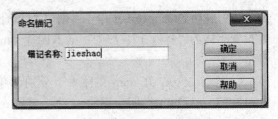

图5-6　"命名锚记"对话框

（11）在网页"4-1.html"中拖动鼠标选中其中一个"茶花女"超级链接，在"属性"面板中将超级链接由"film.html"修改为"film.html#jieshao"，如图5-7所示，将茶花女的超级链接的目标URL进行修改。

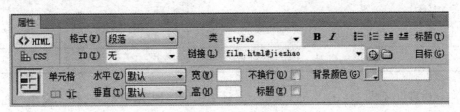

图5-7　设置锚记超级链接

（12）保存所有网页并预览。

任务拓展

在"film.html"网页中选择合适的文字、图像创建超级链接，如"乔治·丘克""详细资料""《茶花女》电影海报（29张）"和图片"chfilm.jpg"。

任务二　图 像 地 图 使 用

任务分析

制作一个"某速递公司全国网点查询"的网页。该网页中有一个中国地图图片，浏览者通过点击图片上的省份或直辖市的名称即可查看某个地区快递的网点地址。在一张图片不同的部位有不同的链接，这就要使用图像地图。

相关知识

图像地图是带有可点击区域的图像，每个区域指向不同的URL地址，单击某个区域，就会到达相关的链接。例如，将一幅中国地图的图像按照省市划分为若干个区域，这些区域就被称为热点，单击热点区域，就可以连接到与相应的省市有关的页面，这就是图像地图。

热点根据形状可分为矩形、圆形和多边形 。

任务实施

（1）在project5文件夹下创建map文件夹，在map文件夹下创建images文件夹，将"map.jpg"复制到该文件夹下。

（2）启动 Dreamwerver 程序，创建"map.html"文件，输入"某速递公司全国网点查询"，并设置字体为"标题 1"，居中；插入图片"map.jpg"，居中。保存该网页到 map 文件夹下并预览。

（3）同样方法，在 map 文件夹下分别创建"Beijing.html""Shanghai.html""Guangdong.html""Shanxi.html"四个网页文件，分别在四个网页中制作北京、上海、广东、山西四个地方快递网点地址的表格，如"Beijing.html"网页中的表格见表 5-1，保存四个网页并预览。

表 5-1   北 京 分 公 司 地 址

区　　域	地　　址
东城区	东城区甲一号
西城区	西城区甲一号
海淀区	海淀区甲一号

（4）绘制热点区域。单击"map.html"文件中的中国地图，然后选择"属性"面板中的"矩形热点工具"，鼠标变成"十"形，在地图上的"北京"所在的区域周围拖动鼠标左键，绘制矩形热点区域。

（5）在绘制完矩形热点区域后，图像"属性"面板变成"热点"属性面板，如图 5-8 所示。在链接栏处设置热点区域所要链接的目标网页"Beijing.html"，在"替代"框中可输入相关的提示说明"北京网点"，并使链接的网页在新窗口中打开。

图 5-8   "热点"属性设置

（6）绘制其他热点区域。使用"属性"面板中的另外两个热点工具"椭圆形热点工具"和"多边形热点工具"，同样可以在地图上绘制热点并设置相关的热点属性，其使用方法和"矩形热点"工具相同。大家可分别利用这 2 个热点工具在地图上继续绘制上海和山西的热点区域并设置相应链接。

（7）保存网页文件并预览。

温 馨 提 示

  本操作相对简单，但在制作过程中，必须细心的绘制各个区域；各个区域间最好留有一点空隙不要重叠，以免在选择时出现错误。

任务拓展

  选择任一类型的热点区域工具，在"map.html"网页中完成"广东"网点查询的链接。

任务三　创建导航菜单

📁 任务分析

本任务是制作种苗中心网站首页的导航菜单，如图 5-9 所示。这里主要是菜单和下拉菜单以及相应链接的设置操作。

图 5-9　种苗中心网站首页中导航菜单的最终效果

〰 任务实施

下拉菜单是网上最常见到的效果之一，用鼠标轻轻一点或是移过去，就出现一个更加详细的菜单，它不仅节省了网页排版上的空间、使网页布局简洁有序，而且一个新颖美观的下拉菜单，更是为网页增色不少。

制作下拉菜单的方法多种多样，本任务中介绍用 Dreamweaver CS6 制作下拉菜单。

Dreamweaver CS6 是制作下拉菜单最常用的工具，其方法简单，控制自由，可以最大限度地随心打造菜单样式。

（1）启动 Dreamweaver CS6 程序，在站点"项目五"下创建"menu.html"文件。

（2）将光标定位到当前页面，点击菜单"插入"→"Spry（s）"→"Spry 菜单栏"命令。在弹出的"Spry 菜单栏"对话框中选择想要的菜单项排列方式，这里选择"水平"，如图 5-10 所示。

（3）点击"确定"按钮，在页面上添加了一个下拉菜单，如图 5-11 所示。

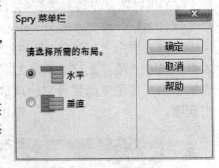

图 5-10　"Spry 菜单栏"对话框

图 5-11　插入菜单栏

（4）选择菜单，点击"属性"面板对菜单项进行设置，如图 5-12 所示。这里有三个列表框，分别代表三级菜单项，最左边的列表框是最高级别的菜单项，中间为第二级子菜单，右边是第三级子菜单。这里以本任务要实现的菜单为例来学习设置方法。

图 5-12　"菜单条"属性面板

（5）点击左边的列表框中的"项目1"，然后在"属性"面板右边"文本"后的文本框中输入"首页"，在下面的"链接"框中输入首页的地址，如"index.html"，如图5-13所示。因为，首页菜单没有子菜单，所以将中间列表框中的项目删除，选中"项目1.1"，点击中间列表框上面的"－"，将其删除，如图5-14所示。同样方法将"项目1.2""项目1.3"删除。

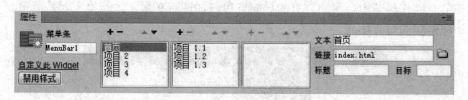

图 5-13   "首页"菜单属性面板的设置

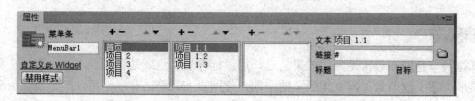

图 5-14   "首页"菜单下子菜单的设置

（6）现在选择左边列表框的"项目 2"，将文本改为"中心介绍"，选中中间列表框中"项目2.1"，将文本改为"中心简介"，链接属性为"zxjj.html"，如图5-15所示。选中中间列表框中"项目 2.2"，将文本改为"校园文化"，设置相应的链接属性。如果列表框中没有"项目2.1""项目2.2"等，可点击列表框上面的"＋"来增加，如果中间列表框中的项目项多于要设置的项目项，可选择多余的项目项，点击列表框上面的"－"来删除。

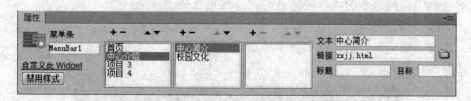

图 5-15   "中心介绍"菜单属性面板的设置

（7）同样方法将导航菜单的剩余项目设置完成，如图5-16所示。
（8）保存该网页并预览。

图 5-16   导航菜单最终编辑的效果

📎 延伸阅读

制作下拉菜单后，在该网页相同目录下会产生一个 SpryAssets 目录，里面会有一个 "SpryMenuBarHorizontal.css" 文件。如果要修改下拉菜单的样式，可以修改这个 CSS 样式文件。点击菜单 "窗口" → "CSS 样式" 命令，打开 "CSS 样式" 面板，点击 "样式" 面板上的 "全部" 按钮，快速打开 "SpryMenuBarHorizontal.css" 文件。

（1）水平菜单省缺是放置在页面的左边的，如果要将它放到页面的右边对齐，则点击 "ul.MenuBarHorizontal li"，然后在下面的属性面板中点击 "float" 项右边的下拉列表，将 "left" 换为 "right"，现在菜单被对齐到页面的右边了。也可以双击 "ul.MenuBarHorizontal li"，在打开的 "CSS 规则" 面板中设置菜单项的格式。

（2）如果要改变页面刚加载时链接的背景和文本颜色，则需要修改 "ul.MenuBarHorizontal a."；如果要修改当鼠标移到链接上时连接的背景和文本颜色，则应该修改 "ul.MenuBarHorizontal a.MenuBarItemHover, ul.MenuBarHorizontal a.Menu…"（注意，如果建立的是垂直的菜单，则 "MenuBarHorizontal" 将是 "MenuBarVertical"）。

（3）"Spry 菜单" 省缺的字体与 boby 或最近一层父级元素的字体是相同的，可以修改 "ul.MenuBarHorizontal." 来设置。在 "CSS 样式" 面板中双击 "ul.MenuBarHorizontal."，打开 CSS 规则设置面板，设置一个字体。

（4）可以通过修改 "ul.MenuBarHorizontal li." 来修改菜单项的宽度，省缺的宽度是 8em，em 是指的字母的宽度，用 em 作单位可以很好地使菜单项宽度去适应菜单项的内容。如果菜单项文字较多，则可以将宽度设大一些，使菜单项的内容排成一排。

（5）如果将主菜单的宽度调整成 10em，则应该将 "ul.MenuBarHorizontal ul" 和 "ul.MenuBarHorizontal ul li." 中的宽度设为 10.2em，以保证子菜单与主菜单项一样宽。

🏃 任务拓展

请打开 "新浪" 主页，模仿其左上角的导航菜单制作出一个相同的菜单，如图 5-17 所示。

设为首页　我的菜单 ∨　手机新浪网　移动客户端 ∨

图 5-17 "新浪" 主页导航菜单

任务四 跳转菜单应用

📁 任务分析

在 "map.html" 网页中创建友情链接，链接到其他快递公司主页，如图 5-18 所示。浏览者可以通过选择友情链接中的选项，快速跳转到相应的快递公司主页，这要通过 "跳转菜单" 来实现。

友情链接：韵达快递 ∨　前往

图 5-18 "友情链接" 效果

任务实施

（1）打开"map.html"文件，将光标定位到当前页面的最后，输入"友情链接"并适当修改格式。

（2）选择菜单"插入"→"表单"→"跳转菜单"命令或者单击"插入"面板中"表单"项，点击"跳转菜单"图标 。

（3）在弹出的"插入跳转菜单"对话框中，将"项目1"的文本修改为"申通快递"，在"选择时，转到 URL"中输入"http://www.sto.cn"；点击"+（添加项）"添加项目 2、项目 3，同样方法修改其文本和 URL，将"菜单之后插入前往按钮"选项选中，如图 5-19 所示。

1）单击"+"按钮，增加菜单项；单击"–"按钮，删除菜单项。

2）单击"向上""向下"按钮改变菜单项在列表中的位置。

3）文本：在该文本框中输入菜单项的名称。

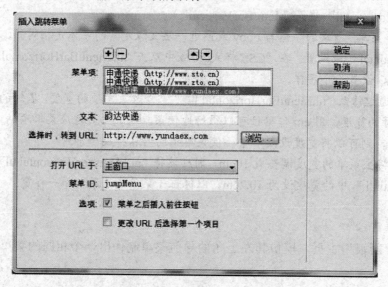

图 5-19 "插入跳转菜单"对话框

4）选择时，转到 URL：输入该菜单项要跳转到的 URL 地址，或者单击"浏览"按钮，从磁盘上选择要链接的网页或对象。

5）打开 URL：选择目标文档要打开的位置。如果是框架页面，则会出现框架窗口名称。

6）菜单 ID：输入菜单项的 ID 名称，用于程序代码中。

选项之菜单之后插入前往按钮：选择此项，在菜单后面插入"前往"按钮。在浏览器中点击该按钮，可以跳转到相应的页面。

选项之"更改 URL 后选择第一个项目"：选择此项，在跳转到指定的 URL 以后，仍然默认选择第一项。

（4）设置完成后，单击"确定"按钮退出"插入跳转菜单"对话框，在网页中插入了跳转菜单。

（5）在文档中点击"跳转菜单"表单控件，如图 5-20 所示。

图 5-20　"跳转菜单"表单控件

（6）选择跳转菜单"属性"面板，如图 5-21 所示，可以看到该面板实际上就是表单中"列表/菜单"属性面板，通过设置"列表/菜单"属性面板的方法即可编辑该跳转菜单。

图 5-21　跳转菜单"属性"面板

（7）点击"前往"按钮，打开其"属性"面板，如图 5-22 所示，可以看到该面板实际就是表单中按钮的属性。

图 5-22　"前往"按钮"属性"面板

（8）此时跳转菜单的创建和属性设置已全部完成。保存网页并预览。

任务拓展

在"film.html"网页中添加一个"友情链接"，可以链接到百度中关于其他名著电影的介绍页面。

项 目 总 结

本项目通过四个任务——超级链接、图像地图、导航菜单和跳转菜单，学习了常用的四种实现页面跳转的相关知识、技术和操作方法。同学们要多加练习，以便熟练掌握页面跳转的技能。

自 我 评 测

一、选择题

（1）在 Dreamweaver CS6 中，可以为图像创建热点，下面热点属性不可以进行设置的是
（　　）。
　　A．热点的形状　　　　　　　　　　B．热点的位置
　　C．热点的大小　　　　　　　　　　D．热点区鼠标的灵敏程度

（2）在 Dreamweaver CS6 中，为图像建立热点，热点形状可以为（　　）。
　　A．圆形　　　　B．正方形　　　　C．多边形　　　　D．以上都是

（3）在 Dreamweaver CS6 中设置超级链接属性时，当目标框架设置为_blank 时，表示的

是（　　）。

    A．会在当前窗口的父框架中打开链接　 B．会新开一个浏览器窗口来打开链接

    C．在当前框架打开链接　 D．会在当前浏览器中最外层打开链接

（4）在默认情况下，下面关于给文字插入超级链接说法正确的是（　　）。

    A．插入超级链接后会发现文字已经变成蓝色，并且下面出现下划线

    B．只能对文字进行超级链接

    C．插入超级链接后会发现文字已经变成蓝色，但是不会出现下划线

    D．以上说法都错误

（5）在 Dreamweaver CS6 中，可以为链接设立目标，表示在新窗口打开网页的是（　　）。

    A．_blank　 B．_parent　 C．_self　 D．_top

（6）在 Dreamweaver CS6 中，有（　　）种方式的链接目标。

    A．1　 B．2　 C．3　 D．4

（7）在 Dreamweaver CS6 中，下面对文本和图像设置超级链接说法错误的是（　　）。

    A．选中超级链接文字或图像，然后在属性面板的链接栏中添入相应的 URL 地址即可

    B．属性面板的链接栏中添入相应的 URL 地址格式可以是 www.ceac.org.cn

    C．设置后，在编辑窗口中空白处单击，选中的文本变为蓝色，并出现下划线

    D．设置超级链接方法不止一种

（8）下列关于热区的使用，说法不正确的是（　　）。

    A．用矩形热点区域、椭圆形热点区域和多边形热点区域工具，分别可以创建不同形状的热点区域

    B．热点区域一旦创建之后，便无法再修改其形状，必须删除后重新创建

    C．选中热点区域之后，可在属性面板中为其设置链接

    D．用热点区域工具可以为一张图片设置多个链接

二、操作题

    将站点"项目四"中的"4-1.html"网页作为主页，适当在主页中加入超级链接、导航菜单和友情链接，实现由"4-1.html"网页跳转到"4-2.html""4-3.html"和"新浪""搜狐""百度"网站的友情链接等。

项目六　网　页　布　局

学习要点

（1）了解网站及网页布局的相关知识。
（2）掌握网页的常用布局方法：表格布局、框架布局和 DIV+CSS 布局。

任务一　使用表格布局网页

任务分析

　　表格以简洁明了的方式，将网页中的数据、文本、图像、表单等元素有序地显示在页面上，使复杂的数据更有条理，容易看懂。通过本任务的学习，掌握插入表格、设置表格属性、编辑表格的方法。本任务用表格进行布局，网页中包含 logo、Bannar、导航条、会员登录与最新动态、主题动画、网页内容、滚动图片、版权信息等版块，效果如图 6-1 所示。

图 6-1　项目六任务一表格布局最终效果

相关知识

1. 网页布局

　　网站建设最主要表现在网页布局的不同，网站布局定位就是指将各种网页元素按需要放在合适的位置。互联网上的网页布局主要分为表格布局、框架布局和 DIV+CSS 布局三种。

（1）表格布局。表格是一种简明扼要而内容丰富地组织和显示信息的方式，在文档处理中占有十分重要的位置。

使用表格既可以在页面上显示表格式数据，又可以进行文本和图形的布局。表格使用简单灵活，是最早也是使用最广泛的网页布局技术。通过使用相关的标签，如 table、th、tr、td、caption、thread、tfoot、tbody、col 等，并对表格单元格进行合并或拆分以及在表格中嵌套表格等操作，从而得到需要的布局。

表格的优势在于能对不同对象进行处理，而不用担心不同对象间的影响，在定位图片和文本上很方便。但当使用或嵌套过多表格时，页面下载速度会受到影响，并且灵活性和可读性较差，不易修改和改版。

（2）框架布局。使用框架可以将一个浏览器窗口划分为多个区域，每个区域可以分别显示不同的网页。访问者浏览站点时，框架可以使某个区域的内容永远不更改，但可通过导航条的链接更改主要框架的内容，常被用在有多个分类导航或多项功能的网页上，并且在框架窗口中支持滚动条，从而显示更多内容。因为相同的内容只下载一次，所以减少页面下载时间。

虽然框架存在兼容性的问题，但从布局上考虑，框架结构是一种比较好的布局方法。它提供了固定的布局样式，适合布局一些特殊格式的网页，如论坛类网页。

（3）DIV+ CSS 布局。DIV+CSS 是网站标准中的一个常用术语，在 XHTML 网站设计标准中，不再使用表格技术。DIV+CSS 布局是目前流行的网页布局方式，与表格方式相比节约了许多代码，从而降低了网络数据量。

DIV 是指 HTML 标记集中的标记，主要用来为文档内大块内容提供布局结构和背景，是一种格式网页的标准方式。利用 DIV+CSS 方式进行网页布局，就是用 DIV 盒子模型结构进行不同的区域划分，然后用 CSS 定义模型的位置、大小、边框、内外边距、排列方式等，用于网站表现，可以进行复杂的布局。

表格和框架布局网页不能实现样式与内容的分离，进行网页重构是非常困难的，有可能要重新制作页面，而 DIV+CSS 布局可以轻松改变布局结构和风格。

2．插入表格

Dreamweaver CS6 中，表格可以制作简单图表，也可以对网页文档进行整体布局。表格由行、列和单元格 3 部分组成。

新建文件 test.html，执行"插入"→"表格对象"→"表格"命令，打开"表格"对话框，设置行数、列数、表格宽度、边框、单元格边距与间距以及标题等内容，如图 6-2 所示。

"边框粗细"：设置表格边框的宽度，如果用表格来显示数据，可以设置为具体数值；如果仅仅用表格进行网页布局，可以设置表格边框粗细为"0"，此时，表格在网页中显示为虚框。

"标题"：显示在表格上方的中央位置，在标题

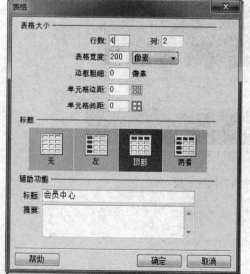

图 6-2　"表格"对话框

文本框中输入的文本自动在<table>与第一个<tr>之间添加代码<caption>表格标题文字</caption>。

单击"确定"按钮插入表格，这时就可以在表格中输入文字了，如图 6-3 所示。

图 6-3 插入并输入数据的表格

3. 设置表格和单元格的属性

当对插入的表格不满意时，可以通过设置表格或单元格的属性来改变表格外观。设置表格和单元格属性：

（1）设置表格属性。选择整个表格可以有以下几种方法：

➤ 将鼠标移到任意位置的表格线，表格外边框显示为红色，如图 6-4 所示，单击鼠标选中表格。

➤ 将光标放在表格中的任意位置，执行"修改"→"表格"→"选择表格"命令。

➤ 将鼠标放到表格中的任意单元格中，表格下方显示绿色的线条、数字和下三角按钮，数字表示表格宽度，点击下三角按钮，从菜单中选择"选择表格"，如图 6-5 所示。

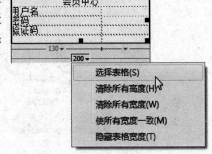

图 6-4 通过单击表格线选中整个表格　　图 6-5 通过表格宽度指示选中整个表格

➤ 将光标放到表格中的任意位置，单击文档窗口左下角的<table>标签选中表格。

选中整个表格后，此时属性面板中显示当前表格的属性，如图 6-7 所示。

（2）设置单元格属性。选中单元格的几种方法：

➤ 在要选择的单元格中单击鼠标左键，并沿对角线方向拖曳鼠标可以选中当前单元格。

➤ 按住 Ctrl 键后单击鼠标左键选中当前单元格。

➤ 将光标放到表格中的任意位置，单击文档窗口左下角的<tr>标签选中当前单元格。

➤ 选中单元格后，其属性面板如图 6-8 所示。

"水平"：设置单元对象的对齐方式，"水平"下拉列表框中包含"默认""左对齐顶端""居中对齐"和"右对齐"4 个选项。

"垂直"：设置单元对象的对齐方式，"垂直"下拉列表框中包含"默认""顶端""居中""底部"和"基线"5 个选项。

"宽"和"高"：设置单元格宽度和高度。

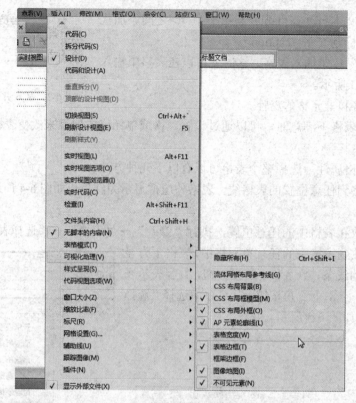

图 6-6　显示表格宽度

图 6-7　表格属性面板

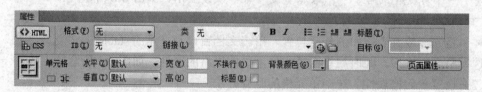

图 6-8　单元格属性面板

"不换行"：单元格的宽度将随文字长度的不断增加而加长。

"标题"：设置当前单元格为标题行。

"背景颜色"：设置单元格填充的颜色。

4. 编辑表格和单元格

选中表格或单元格后，就可以进行复制表格、插入和删除行或列以及合并与拆分单元格等编辑操作了。

（1）增加行、列。可以通过以下几种方法为表格增加行或列：

1）执行"插入"→"表格对象"命令，选择相应命令插入行或列，如图 6-9 所示。

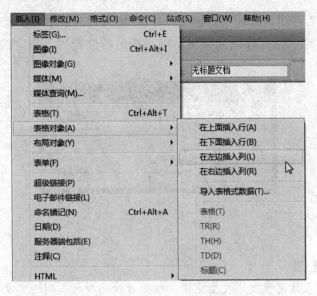

图 6-9 插入行或列的菜单选项

2）执行"修改"→"表格"，选择相应命令进行行或列的插入，如图 6-10 所示。

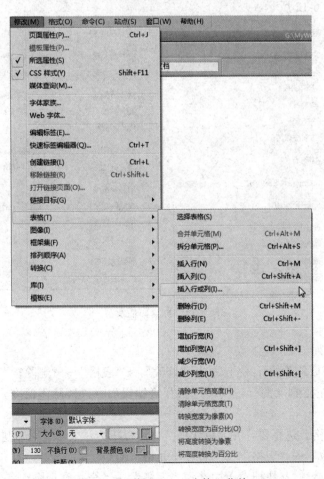

图 6-10 "修改"→"表格"菜单

其中"插入行"是在当前行下方插入一行，"插入列"是在当前列左侧插入一列，"插入行或列"可以通过"插入行或列"对话框在指定的位置插入指定的行数或列数，如图6-11所示。

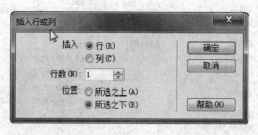

图 6-11　"插入行或列"对话框

在插入列时，表格总宽度不发生变化，但随着列的增加，列的宽度会减小。

3）使用快捷菜单：将光标停在指定单元格中，鼠标右键单击，从快捷菜单中选择相应命令进行操作，如图6-12所示。

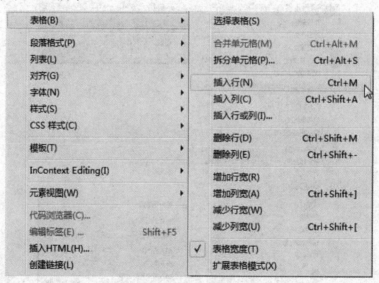

图 6-12　表格快捷菜单

（2）删除行、列。

1）将光标放在要删除的行或列，执行"修改"→"表格"→"删除行"或"删除列"命令。

2）将光标放在要删除的行或列，选执行"编辑"→"清除"命令，或按"Delete"或"Backspace"键。

（3）合并单元格。选择要合并的单元格，使用以下方法之一，可以进行合并单元格：

1）执行"修改"→"表格"→"合并单元格"命令。

2）单击鼠标右键，从快捷菜单中选择"表格"→"合并单元格"命令。

3）从属性面板中单击"合并所选单元格，使用跨度"按钮 。

 温 馨 提 示
要合并的单元格必须是连续的才能进行合并。

（4）拆分单元格。选择要拆分的单元格，使用以下方法之一，打开"拆分单元格"对话框，可以进行拆分单元格，如图 6-13 所示。

1）执行"修改"→"表格"→"拆分单元格"命令。

2）单击鼠标右键，从快捷菜单中选择"表格"→"拆分单元格"选项。

图 6-13 "拆分单元格"对话框

3）从属性面板中单击"拆分单元格为行或列"按钮 。

 温 馨 提 示
只有选中一个单元格时，属性面板的"拆分单元格为行或列"按钮才可用。

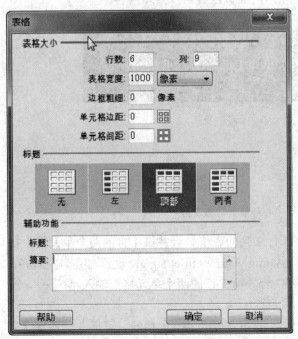

图 6-14 插入表格参数设置

🔊 任务实施

（1）新建文件并以 index_table.html 为文件名存盘。

（2）根据要布局的内容算出最大行数和列数，本任务要插入一个 6 行 7 列的表格，插入表格参数设置如图 6-14 所示。

（3）选中整个表格并设置为居中对齐。将第 1 行左边 2 个单元格合并成 1 个单元格，设为左对齐，右侧 7 个合并成 1 个单元，设为右对齐。分别插入图片 logo.gif 和 img_1.jpg，如图 6-15 所示。

（4）合并第 2 行的所有单元格，分别合并第 4 行 1~2 列和第 3~9 列单元格，分别合并第 5 行和第 6 行的所有单元格。将第 3 行的各单元格对齐方式设置为"居中对齐"，第 1 和第 9 单元格宽度设为 80，第 2~8 单元格设置为 120，如图 6-16 所示。

（5）banner 大多用来表现网页主题或用于网络广告的内容，主要体现中心意旨，形象鲜明地表达最主要的情感思想或宣传中心。因此，在第 2 行插入 banner 图片 flash.gif。在第 3 行的第 2~8 单元格中输入导航栏文字，效果如图 6-17 所示。

图 6-15　插入 logo

图 6-16　编辑单元格

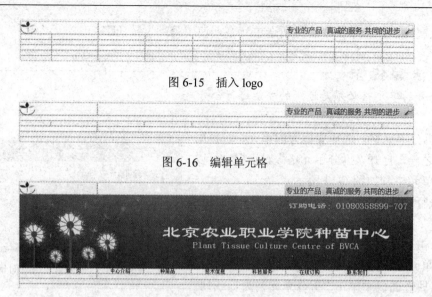

图 6-17　添加网页 banner 和导航

（6）在第 4 行第 1 单元格中插入一个 7 行 2 列的表格，将第 1 列设置为宽度 120，第 2 列宽度为 80。在第 2 和第 3 行的第 2 个单元格中分别插入一个文本域对象，第 4 行插入一个文本域和图片，第 5 行插入两个按钮"登录"和"注册"，其他单元格输入相应文字，如图 6-18 所示。"最新动态"下面的内容输入"……"，准备以后输入具体内容。

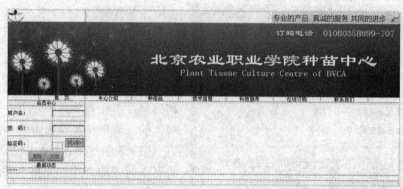

图 6-18　添加会员中心与最新动态表格

（7）在第 4 行的右侧单元格中插入一个 3 行 2 列的表格。合并第 1 行的两个单元格，插入动画 flash.gif，第 2 行第 1 列中插入两个图片 img_8.gif 和 title_1.jpg，设置对齐为左对齐，第 2 列插入图片 more.gif，设置对齐为右对齐，合并第 3 行的两个单元格，输入"……"，准备以后输入具体内容，如图 6-19 所示。

（8）在第 5 行单元格中插入图片 img_9.gif、一条宽度为 980 的横线，再插入一条宽度为 960 的滚动字幕，执行"插入"→"标签（G）…"命令，从"标签选择器"对话框中选择"marquee"，如图 6-20 所示。在代码视图中增加属性"width='960'direction='left' loop='-1'"，从而使字幕从右向左循环滚动。

（9）在字幕中插入一个 1 行 6 列的表格，在单元格中依次插入图片 img_601.jpg、img_602.jpg、img_603.jpg、img_604.jpg、img_605.jpg 和 img_606.jpg，代码视图中在字幕下方再

次插入一条宽度为 980 的横线，如图 6-21 所示。

图 6-19 插入网页主体内容

图 6-20 插入"标签选择器"对话框中的 marquee

图 6-21 在 Marquee 中使用表格并插入图片

（10）在第 6 行的单元格中输入联系方式和版权信息等文字，最终效果如图 6-1 所示。

任务拓展

（1）在页面底端增加表格行，增加版权信息。

（2）根据自己所在的学校或工作单位的需求，使用表格进行合理的网页布局，设计网页内容。

任务二　使用框架布局制作网页

通过本任务的学习，理解框架布局的原理，掌握框架的基本结构及结构之间的链接，会使用框架进行页面布局，学习利用浮动框架嵌入插件。

任务分析

在网页中，一个网页可以包含多个页面，此时需要用到框架。使用框架可以进行页面布局，把网页划分为几个区域。例如，一个水平框架用于放置 banner（即标题）；左垂直框架用于放置导航；右垂直框架用于放置正文。每一个框架单独使用一个网页，从而使页面设计简单化。框架除用于页面布局以外，还可用于制作目录。包含框架的网页称为框架集。框架集定义了各个框架的结构、数量、大小和目标等属性。

本任务用框架进行网页布局，网页中包含 logo、banner、导航条、会员登录与最新动态、网页正文、版权信息等版块，效果如图 6-22 所示。

图 6-22　框架布局最终效果

相关知识

1. 框架集

框架集就是框架的集合，是早期的框架技术，用于在一个文档窗口显示多个页面文档的框架结构，适用于整个页面都用框架实现的场合。框架集包含标签<frameset>和<frame>，其中<frameset>描述窗口的分割，<frame>定义放置在每个框架中的初始页面，在框架集中显示的每个框架都是一个独立的 HTML 文档。框架集代码放在<body>标签之前。

（1）纵向分割窗口：也就是将页面分成几个行窗口，用<frameset>标签的"rows"属性声明。

（2）横向分割窗口：将页面分成几个列窗口，用<frameset>标签的"cols"属性声明。

（3）横向和纵向同时分割窗口：如本任务中分成的上、中（左右）、下结构，整个页面分割为上、中、下三部分，中间框架又分为左右两部分，对应的结构框架代码为：

```
<frameset rows="150,*,150" cols="*" >    //先将窗口分为上、中、下三部分
<frame src="top.html" />                //顶端窗口对应的文件
<frameset cols="200,*" >                //中部窗口又分为左右两部分
<frame src=" left.html" />              //左端窗口对应的文件
<frame src="main.html" />               //右端窗口对应的文件
</frameset>
<frame src=" bottom.html" />            //底端窗口对应的文件
</frameset>
```

框架<frame>常用属性见表 6-1。

表 6-1 　　　　　　　　　　　　　框架<frame>常用属性

属性	作　用	举例
name	框架标识名	name="mainFrame"
src	设置框架内的初始页面文档	src="top.html"
target	希望链接到的网页显示的框架窗口名，与超级链接<a>标签的 target 属性类似	target="mainFrame"
frameborder	是否显示框架周围的边框	frameborder="1"
scrolling	是否显示滚动条	scrolling="no"
norsize	是否允许调整框架窗口大小	noresize="noresize"

2. 内嵌框架

用标签<iframe>声明内嵌框架，适用于部分框架内嵌入页面的场合，一般用于引用其他网站的页面。例如，在自己的网页中引用新浪或搜狐网页的新闻页面，用法与 frame 类似。<iframe>的常用属性包括 name、scrolling、noresize、frameborder。

```
<body>
    //此处可以添加其他元素标签
<iframe src="top.html" />        //顶端窗口对应的文件
<iframe src=" middle.html" />     //中间窗口对应的文件
<iframe src=" bottom.html" />     //底端窗口对应的文件
</body>
```

任务实施

（1）新建文件 index _Frame_Top.html，按照本项目任务一中的内容，设计 logo、banner 和导航条等内容，或将本项目任务一中相应的代码复制到此处，如图 6-23 所示。

图 6-23　网页 index _Frame_Top.html 内容

图 6-24　网页 index _Frame_
Left.html 内容

（2）按以上方法，分别设计网页 index _Frame_Left.html、index_ Frame_Main.html 和 index_ Frame_Bottom.html 的内容，如图 6-24、图 6-25 和图 6-26 所示。

（3）新建一个空白网页文件，执行"插入"→"HTML"→"框架"→"上方及左侧嵌套"命令，如图 6-27 所示。会弹出"框架标签辅助功能属性"对话框，在其中为每个框架指定标题，如图 6-28 所示。单击"确定"按钮，产生一个新建的网页文件，设置顶端框架高度为 150，并显示相应框架内容，如图 6-29 所示。保存此框架集网页为 index_Frameset.html。

图 6-25　网页文件 index _Frame_Main.html 的内容

图 6-26　网页文件 index _Frame_Bottom.html 的内容

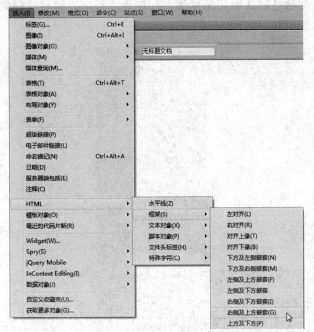

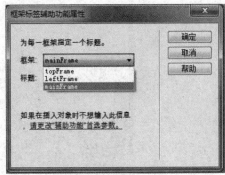

图 6-27 插入框架菜单   图 6-28 "框架标签辅助功能属性"对话框

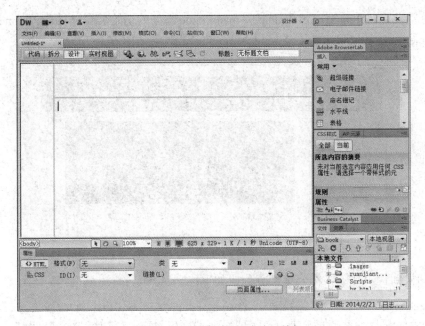

图 6-29 框架集网页及框架面板

温 馨 提 示

可以执行"窗口"→"框架"命令显示或隐藏框架面板，或者用快捷键 Shift+F2。

（4）单击"框架"面板中相应的框架名可以选中相应框架，在属性面板中，通过"指向文件"按钮可以设置框架初始页面，如图 6-30 所示。

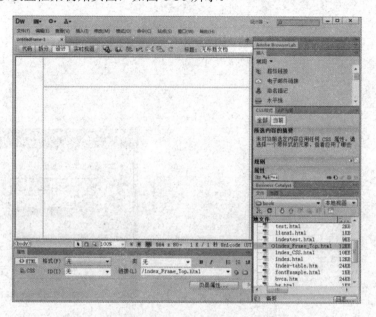

图 6-30　设置框架初始页面

（5）分别设置 topFrame、LeftFrame 和 mainFrame 框架的初始页面为 index_Frame_Top.html、index _Frame_Left.html 和 index _Frame_Main.html，效果如图 6-31 所示。

图 6-31　框架集页面

（6）切换到代码视图，框架集部分代码如下：

```
<frameset rows="150,*" cols="*" frameborder="no" border="0" framespacing ="0">
<framesrc="index_Frame_Top.html"name="topFrame" title="topFrame" scrolling=
 "no"
noresize="noresize"id="topFrame" />
<frameset cols="200,*" frameborder="no" border="0" framespacing="0">
<frame src="index_Frame_Left.html" name="leftFrame" scrolling="no"
noresize="noresize" id="leftFrame" title="leftFrame"/>
<frame src="index_Frame_Main.html" name="mainFrame" id="mainFrame"
title="mainFrame" />
```

```
</frameset>
<noframes><body></body></noframes>
```

（7）修改框架集部分的代码，在最底端增加一个高度为 150 的横向框架，并设置初始页面为 index_Frame_bottom.html。

原示例代码：

```
<frameset rows="150,*" cols="*" frameborder="no" border="0" framespacing="0">
```

修改后的代码为：

```
<frameset rows="150,*,150" cols="*" frameborder="no" border="0" framespacing="0">
```

增加的代码为：

```
<frame src="index_Frameset_bottom.html" name="bottomFrame" id="bottomFrame"
title="bottomFrame" />
```

增加 bottom 框架后的页面如图 6-32 所示。

图 6-32　增加 bottom 框架后的页面

 任务拓展

根据自己所在的学校或工作单位的需求，使用框架进行合理的网页布局，设计网页内容。

任务三　使用 DIV+CSS 制作"校园网主页"

样式表不但可以使创建的页面风格统一，而且定义大篇幅页面中的文字会非常快捷。通过本任务的学习，了解 CSS 规则、选择器类型、盒子模型和常用的 CSS 规则，掌握 HTML 中样式表的使用方法，会用 CSS 定义文本样式、背景、列表等常见页面元素，理解 DIV+CSS 进行网页布局的步骤，会用 DIV+CSS 布局页面。

 任务分析

DIV+CSS 布局是网页 HTML 通过 DIV 标签+CSS 样式表代码开发制作，其优点是网页便于维护，有利 SEO（Search Engine Optimization，搜索引擎优化）（谷歌将网页打开速度作为排名因素及 SEO 因素），打开速度更快，符合 Web 标准等。

在拿到网页美工图进行页面布局前，应该从上下、上中下、左右、上中下（中包括左右）布局框架来思考。本任务通过一个校园网主页分析 DIV+CSS 布局的方法。

首先分析出此页面结构框架，可以看出该页面是采用了上、中、下结构，其中中部又包括了左右结构，如图 6-33 所示。因此在写此页面的 CSS 和 HTML 时应遵循从上到下、从外到内的原则。

图 6-33　校园网页面结构

相关知识

1. CSS

CSS 是 Cascading Style Sheet（层叠样式表）的缩写，是 W3C（The World Wide Wed Consortium，万维网联盟）组织制定的控制网页内容显示效果的一种标记性语言。CSS 是一系列格式设置规则，用于（增强）控制 Web 页面内容的外观，并允许将样式信息与网页内容分离。

CSS 可以定义网页元素的各种属性变化，如文字、背景、字型等。页面内容（HTML 代码）位于自身的 HTML 文件中，而定义代码表现形式的 CSS 规则位于另一个文件（外部样式表）或 HTML 文档的另一部分（通常为 head 部分）中，并不是单独显示在浏览器中，通过编辑一个外部样式表文档，可以同时改变站点中所有页面的布局和外观。

（1）CSS 的发展历史。

1）CSS1：作为一项 W3C 推荐，CSS1 发布于 1996 年 12 月 17 日，1999 年 1 月 11 日，被重新修订。

2）CSS2：作为一项 W3C 推荐，CSS2 发布于 1999 年 1 月 11 日，添加了对媒介（打印机和听觉设备）和可下载字体的支持。

3）CSS3：将 CSS 划分为更小的模块，避免产生浏览器对某个模块支持不完全的情况。

（2）CSS 的优势。CSS 样式常用的两大用途是页面内容（元素）修饰和页面布局，使用 CSS 有以下优势：

1）实现内容和样式的分离，利于团队开发，提高搜索引擎的搜索效率。将涉及样式的部分从 Web 页内容分离，使网页代码更加简洁，内容结构更突出，可以提高搜索引擎的搜索效率和页面浏览速度；样式美化由美工人员实现，软件开发人员负责页面内容的开发，方便团队开发。

2）实现样式复用，易于维护和改版。同一网站的多个页面共用同一样式表，可以提高开发效率，易于网站维护。更新网站外可通过更新样式表文件实现。

3）方便排版，实现页面的精确控制。通过文本（含字体）、背景、列表、超级链接、内边距、外边距等样式，实现各种复杂、精美的效果。

（3）样式表分类。在 CSS 中，应用样式有行内样式、内部样式与外部样式三类方式。

1）行内样式表：当需要对特定某个标签进行单独设置时使用，应用到各个网页元素。在所修饰的标签内加 style 属性，如果后续为多条样式规则，多条样式规则用分号分开。

2）内嵌样式表（内部样式表）：与网页内容位于同一个文件内，在<head>标签内的<style>标签中。这种方式方便在同一页面中修改样式，但是不能彻底做到页面内容与样式的分离，不利于在多页面间共享复用代码和维护。

3）外部样式表：把 CSS 代码单独写在一个或多个 CSS 文件中，需要时在<head>中通过<link/>标签引用，例如<link href="/CSS/Mystyles.CSS" rel="stylesheet" type="text/CSS" />，加载页面时没有加载样式表，当使用到样式表时才去寻找相应的样式。

（4）样式表的优先级与特点。

1）样式表优先级。对于页面中的某个元素，它允许同时应用多类样式（叠加），页面元素最终的样式即为多类样式的叠加效果。当同时应用以上三类样式时，页面元素将同时继承这些样式，如果样式间有冲突，则按照样式优先级进行应用。CSS 中规定的优先级规则为：

➢　行内样式表>内嵌样式表>外部样式表（就近原则）。

➢　ID 选择器>类选择器>标签选择器。

2）不同类型样式表的特点。每一种样式表均有其优、缺点：

➢　使用外部样式表，在一个或多个外部样式表中定义样式，并链接到多个网页，可以实现代码复用，确保这些网页外观的一致性。如果更改样式，只需在外部样式表中修改一次，就会反映到所有与该样式表链接的网页上。

➢　若只想定义当前网页的样式，可使用内嵌的样式表。内嵌样式表是一种级联样式表，"嵌"在网页的<head>标记符内，样式只能在当前网页中使用。

➢　使用内嵌样式以应用级联样式表属性到网页元素上。按照优先规则，如果网页链接到外部样式表，为网页所创建的内嵌样式将扩充或覆盖外部样式表中的指定属性。

（5）CSS 基本语法。样式表由样式规则组成，这些规则告诉浏览器如何显示文档。一个样式由选择器、属性和属性值三部分组成，结构如下：

```
<style type="text/CSS">
选择器{对象的属性 1:属性值 1;对象的属性 2:属性值 2;……}
```

```
</style>
```

其中选择器表示被修饰的 HTML 元素，如段落 p，列表 ul、li 等。例如，h1{color：red；font-size：14px；}，其中 h1 是选择器，color 和 font-size 是属性，red 和 14px 是值。代码的作用是将 h1 元素内的文字颜色定义为红色，同时将字体大小设置为 14 像素。

温馨提示

代码书写规范为：

（1）CSS 代码不区分大小写，但当在 XHTML 文档中使用时，由于 XHTML 是区分大小写的，因此要保持 CSS 的选择器名称与 XHTML 文档中相一致，否则定义的 CSS 规则将不会对其中的元素起作用。因此 CSS 代码建议用小写。

（2）如果要定义不止一个样式规则，则需要用半角的 ";" 将每个声明分开。一行可以写一条或多条规则。最后一条规则不是必须要加分号的，但是一般都会在每条声明的末尾都加上分号，这样做的好处是：当从现有的规则中增减规则时，会尽可能地减少出错的可能性。例如，代码 "p {text-align:center; color:red; }" 展示出如何定义一个红色文字的居中段落。

（3）大多数规则包含不止一个属性，多重属性和空格的使用使得样式表更容易被编辑；CSS 规则中的多个空格会被缩略成 1 个，可用空格来调整属性的对齐效果。是否包含空格不会影响 CSS 在浏览器的工作效果。

（4）代码较多时，可加用 "/*……*/" 进行必要的注释，以提高代码的可读性。

（6）在 Dreamweaver CS6 中创建 CSS 外部样式表。选择 "文件"→"新建" 命令，在 "新建文档" 对话框中的 "类别" 列中选择 "空白页"，在 "页面类型" 列中选择 "CSS"，然后单击 "创建"，如图 6-34 所示。

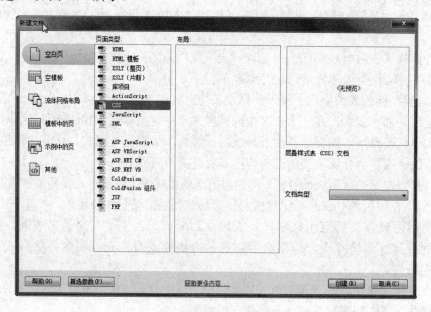

图 6-34　新建 CSS 文档

空白样式表将出现在"文档"窗口中。"设计"视图和"代码"视图按钮已被禁用。CSS样式表是纯文本文件，其内容将不会用于在浏览器中查看。保存样式表文件，如命名为style.CSS，样式表文件一般将其保存到 CSS 文件夹（位于 Web 站点的根文件夹）中。

温馨提示

当键入 CSS 样式代码时，Dreamweaver CS6 将使用代码提示建议一些选项，以帮助完成输入。当看到希望完成键入的代码时，按回车键选择该代码，注意在每条样式结尾的属性值后面加上一个半角的分号。

2．CSS 选择器

要使用 CSS 对 HTML 页面中的元素实现一对一、一对多或者多对一的控制，就需要用到 CSS 选择器。根据所修饰的内容类别不同，选择器又分为标签选择器（或称元素选择器）、类选择器、id 选择器、伪类选择器和子类选择器。

（1）标签选择器。以 XHTML 的标签名作为选择器名，如 body、p、ul 等。标签选择器的规则自动应用于文档中对应的标签，会对其属性进行重新定义，影响到网页中所有此类标签元素。

标签选择器使用简单、明确、通用性强，但针对性较差。

（2）id 选择器。id 选择器是使用 XHTML 标签的 id 属性值作为选择器名，并以"#"开头来定义。id 属性类似于身份证，是 HTML 元素的唯一标识，要求页面内不能有重复的 id 标识属性。对应的 id 选择器一般用于修饰对应 id 标识的 HTML 元素内容，实际应用中常和 <div> 标签配合使用，表示修饰对应 id 标识的某个 div 区块，使用步骤为：

1）定义相应的 id 选择器样式，语法如下：

#id 标识名{属性名 1:属性值 1;属性名 2:属性值 2;……}

2）使用 id 属性标识被修饰的页面元素。语法：<div id="id 标识名">

例如，定义一个样式规则#para1{text-align:center; color:red; }，应用于元素属性 id="para1"。

注　意

➢　定义 id 选择器前面有个井号（#），但设置标签 id 属性时不需要。
➢　id 属性不要以数字开头，数字开头的 id 选择器在有些浏览器中不起作用。

（3）类选择器。通过类选择器样式，可以将同一种样式定义为一个类，在 CSS 中，类选择器使用句点"."开头。类选择器有别于 id 选择器，属性值可以重复在多个元素中使用。例如，同一个".t-left"class 属性可以在<div>和<p>标签中使用。

定义样式：.类名{属性名 1:属性值 1; 属性名 2:属性值 2;……}
应用样式：使用标签的"class"属性引用类样式，即<标签名 class="类名">标签内容</标签名>。

说明：定义选择器时需要使用英文的"."符号加在选择器的前面，在页面中，使用 class属性值调用类选择器中定义的 CSS 样式。

例如，定义了一个样式 ". t_center{ text-align:center;}"，在网页中通过代码 "<p class=" t_center ">……"，则应用了此样式的段落会产生居中对齐的效果，不应用此类时的段落默认为左对齐。

 注 意

> 类名前有个点号（.），应用样式时不用点号。
> 类选择器和 id 选择器用途相反：类选择器是定义某类样式让多个 HTML 元素共享，是可以进行代码复用的；而 id 选择器用于修饰某个指定的页面元素或区块，这些样式是对应 id 标识的 HTML 元素所独占的。
> 样式是叠加和继承的，CSS 规定后定义的样式覆盖前面定义的样式。
> 类名的第一个字符不能使用数字，它在某些浏览器中无法起作用。
> 可以给元素应用多个类选择器规则，此时使用空格分隔多个选择器的名称。例如，<div class= "t_center floaleft">。

（4）伪类选择器。伪类选择器以 "："开头，它不存在于 XHTML 文档中，但又确实可以显示出效果。伪类选择器是不根据名字、属性、内容而是根据标签处于某种行为或状态时的特征来修饰样式。伪类选择器可以对用户与文档交互时的行为做出响应。

1）超级链接的特殊性。作为 HTML 中常用的标签，也是 HTML 区别于其他标识语言的最重要特点，超级链接的样式有其特殊性，当为某文本或图片设置超级链接时，文本或图片标签将继承超级链接的默认样式。标签的原默认样式将失效。文字加超级链接后将加上下划线，图片加超级链接后将添加边框，单击链接前为蓝色，单击后为紫色。

温 馨 提 示

为防止图片加入超级链接后出现 2px 边框，一般在 CSS 文件开头加入 "img{border:0px; }"。

2）超级链接伪类。CSS 使用伪类来控制链接在各种状态下的显示效果，伪类包括 link、hover、active、visited。a:link 伪类可以定义未访问链接的各种显示效果，a: hover 定义链接鼠标悬停的各种显示效果，active 定义链接激活时的显示效果，链接激活是指鼠标按下与释放之间。a: visited 定义链接访问后显示效果。这些效果包括文本颜色、字体大小、字体样式等。

注 意

在利用 CSS 控制链接效果时，要按照:link、:visiteD、:hover、:active 的顺序定义，否则有的效果不能显示。

示例代码：使用内嵌样式表中的伪类选择器和标签选择器设置文本属性，在浏览器中的显示效果如图 6-35 所示。

```
<html xmlns="http://www.w3.org/1999/xhtml">
<head>
<meta http-equiv="Content-Type" content="text/html; charset=gb2312" />
```

```
<title>CSS 控制链接效果</title>
<style type="text/CSS">
        a:link{ color:#0C3 ; font-size:30px; text-decoration:none}
        a:hover{ color:#F90; font-family:"华文楷体"; font-size:36px}
        a:active{ color:#C3C; font-size:24px}
        a:visited{ color:#30F; font-size:16px; font-family:"宋体"}
</style>
</head>
<body>
    <a href="http://www.sina.com.cn/">链接到新浪网站</a>
</body>
</html>
```

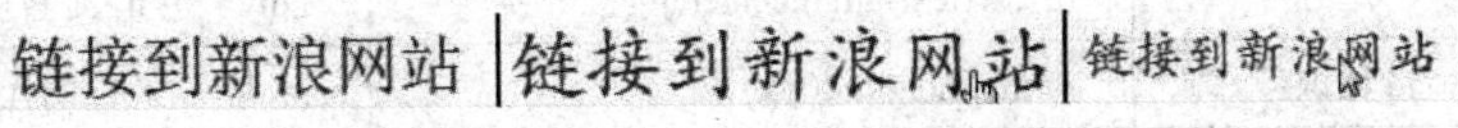

链接到新浪网站 | 链接到新浪网站 | 链接到新浪网站

图 6-35　a:link、a:hover 和 a:active 效果

（5）子类选择器。子类选择器用来精确定位某个选择器。其含义为在第一个选择器中使用第二个选择器的内容。使用子类选择器，选择器之间要有嵌套关系，否则子类选择器不能正常发挥作用。

可以在新建 CSS 样式规则中，设置"复合内容（基于选择的内容）"来改变子类选择器样式，如图 6-36 所示。例如设置"a img {border:0px;}"，可以使图片超级链接不出现边框。

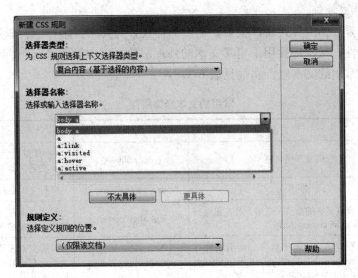

图 6-36　设置子类选择器

在实际应用中，一个页面中有很多超级链接，如果希望只改变导航菜单部分的链接样式，根据需要限定超级链接样式的范围，可以使用类或 id 选择器样式来实现。但实际应用中更流行的做法是采用"父级元素+空格+子元素"表示区域限制的选择器，例如".nav a{color:#333; }"，则只有在应用了"nav"类的块内，超级链接才有相应的属性。

> **温 馨 提 示**
>
> 　　使用子类选择器的好处是可读性强，减少了不必要的类选择器命名。
> 　　在实际应用中，可以利用 CSS 样式的继承特点，先定义四种状态统一的样式，然后再根据需要定义个别状态的样式。
> 　　除此之外，还可以看到更复杂的组合，表 6-2 所示为多选择器的常用符号及组合。

表 6-2　　　　　　　　　　　　　多选择器的常用符号及组合

	符号	中文	示例	含义
基本符号		空格	div img{border:0px}	\<div>内的\<img>元素样式
	,	逗号	div, li{text-align:center;}	\<div>和\<li>元素采用相同样式
	#	id 标识符	#info{ height:40px}	id 为"info"的元素样式
	.	类标识符	.nav{height:31px; width:900px;}	类名为"nav"的元素样式
	:	冒号	a:hover {color: #ff0000}	\<a>标签的 hover 伪类样式
组合	ul .	标签+类	a .imgstyle{ border:0px;width:60px}	类名为 imgstyle 的\<a>标签样式
	div #	标签+id	div#main{text-align:center;}	id 为"main"的\<div>标签样式
	#.	id+空格+类	#main .top{width:435px;}	id 为"main"元素内的 top 类样式
	#.,	id+空格+类+逗号	#main .top, #main.bottom{height:50px;}	id 为"main"元素内的 top 类和 bottom 类样式相同

3. 常用的样式修饰

　　网页元素可以修饰的样式属性很多，常用的样式分为文本、字体、背景和列表等。

　　（1）文本属性。文本属性用于定义文本的外观，包括文本颜色、行高、对齐、文字修饰和字符间距等，常用的文本修饰属性见表 6-3。

表 6-3　　　　　　　　　　　　　常用的文本修饰属性

属性名	含义	举例	应用场景
color	颜色代码或颜色名称	color:#009900	也可用颜色缩写"#090"或颜色的英文名，如"red"
line-height	行高（或行间距）	line-height:28px;	多行文本布局
text-align	设置文字的垂直（纵向）对齐属性有 left|right| center|justify	text-align:center;	设置文本左对齐、右对齐、居中对齐或两端对齐
vertical-align	设置文字的水平对齐的常用属性有 baseline|sub|super|top|bottom|text-top|middle|text-bottom|百分比	vertical-align:middle;	设置文本和其他元素（一般是上一级元素或者同行的其他元素）的垂直对齐方式
text-decoration	文本修饰，常用属性有 overline|underline|line-through|none	text-decoration:underline;	加上划线、下划线、删除线等
letter-spacing	字符间距	letter-spacing:5px;	设置字符间距

　　示例代码：使用内嵌样式表中的类选择器和标签选择器设置文本属性。

```
<html xmlns="http://www.w3.org/1999/xhtml">
```

```
<head>
        <meta http-equiv="Content-Type" content="text/html; charset=gb2312" />
        <title>使用 CSS 设置字体样式</title>
        <style type="text/CSS">
                .size1{ color:#F00; text-decoration:overline;text-align:center}
                h2{ text-decoration:underline}
                .size2{ text-decoration:line-through;line-height:40px}
        </style>
</head>
<body>
        <h2>春夜喜雨</h2>
        <p>好雨知时节,当春乃发生。
        <p class="size1">随风潜入夜,润物细无声。
        <p class="size2">野径云俱黑,江船火独明。
        <p >晓看红湿处,花重锦官城。
</body>
</html>
```

运行上述代码,其效果如图 6-37 所示。

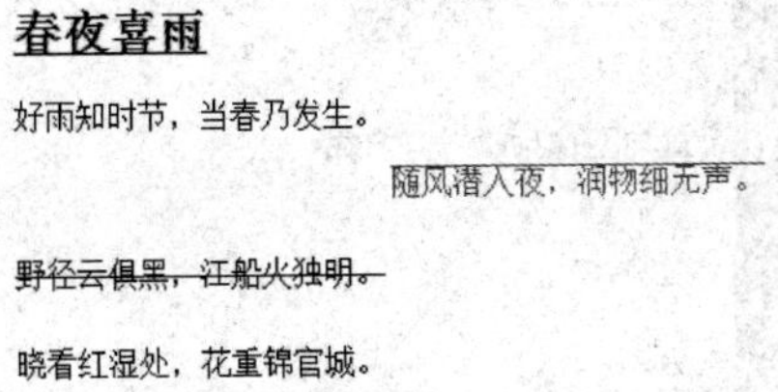

春夜喜雨

好雨知时节, 当春乃发生。

随风潜入夜, 润物细无声。

野径云俱黑, 江船火独明。

晓看红湿处, 花重锦官城。

图 6-37　设置文本样式效果（一）

说明：vertical-align 属性的取值较多，其含义各不相同。表 6-4 为纵向对齐的取值含义。

表 6-4　　　　　　　　　　　　纵向对齐的取值含义

纵向对齐的取值	含　　义
baseline	设置文本和上级元素的基线对齐
sub	设置文本显示为上级元素的下标，常在数组中使用
super	设置文本显示为上级元素的上标，常用于设置某个数值的乘方数
top	使文本元素和同行中最高的元素上端对齐
bottom	使文本元素和同行中高度最低的元素向下对齐
text-top	使文本元素和上级元素的文本向上对齐
middle	假如元素的基线与上级元素的 x 高度的一半相加的值为 H，则文本与高度 H 的中点纵向对齐。其中，x 是指字母 "x" 的高度
text-bootom	使文本元素和上级元素的文本向下对齐
百分比	是相对于元素行高属性的百分比，会在上级元素基线上增高指定的百分比。如果取值为正数则表示增加设置的百分比，反之取值为负数，则表示减少相应的百分比

示例代码：使用内嵌样式表标签选择器和行内样式表共同设置文本垂直对齐属性。

```
<html xmlns="http://www.w3.org/1999/xhtml">
```

```
<head>
    <title>CSS 控制文本垂直对齐显示</title>
    <style type="text/CSS">
    div{ border:2px solid #FF9}
    </style>
</head>
<body>
    <div><img src="images/water.jpg" width="100" height="100"
            style="vertical-align:middle">设置与图像居中对齐方式</div>
    <div><img src="images/water.jpg" width= "100" height="100"
            style="vertical-align:text-top">设置与图像顶端对齐方式</div>
    <div><img src="images/water.jpg" width="100" height="100"
            style="vertical-align:baseline">设置与图像基线对齐方式</div>
</body>
</html>
```

运行上述代码，其效果如图 6-38 所示，每段都设置了图像和文本的不同对齐方式。

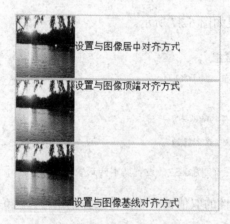

图 6-38　文本和图像的不同垂直对齐方式

（2）字体属性。字体属性用于定义字体类型、字号大小、是否加粗等，常用的字体样式见表 6-5。

表 6-5　　　　　　　　　　　　　常 用 的 字 体 样 式

属性名	含义	举例	应用场景
font	设置字体所有样式	font:bold 19px;	常用于字体样式的缩写
font-style	定义字体样式，常用的值有 italic 和 normal 等	font-style:italic	定义字体样式
font-family	定义字体类型	font-family:宋体;	定义字体样式
font-size	定义字体大小	font-size:14px;	定义字体样式
font-weight	定义字体粗细	font-weight:bold;	定义字体样式

"font-family""font-size"等是"font"属性的子属性，一般常用缩写形式，即用"font"属性一次定义字体的所有样式属性。代码顺序为 font-style （使用斜体、倾斜或正常字体）、font-variant （设置小型大写字母的字体显示文本）、font-weight（设置文本的粗细）、

font-size/line-height（设置字体的尺寸和行高）、font-family （规定元素的字体系列）。不需要每个都写，但是顺序不可以颠倒，未设置的属性会使用其默认值。

如 body{ font: italic small-caps bold 14px/24px; "黑体";}，字体：斜体小型大写字母粗体字号大小/行高黑体。

示例代码：使用内嵌样式表中的类选择器和标签选择器设置字体属性。

```html
<html xmlns="http://www.w3.org/1999/xhtml">
    <head>
        <meta http-equiv="Content-Type" content="text/html; charset=gb2312" />
        <title>使用 CSS 设置字体样式</title>
        <style type="text/CSS">
            .size1{ font-family:"华文楷体"; font-weight: 600 ; font-size:14px;}
            h2{font-style:oblique; font-weight: bold}
        </style>
    </head>
    <body>
        <h2>春夜喜雨</h2>
        <p>好雨知时节，当春乃发生。
        <p class="size1">随风潜入夜，润物细无声。
        <p class="size1">野径云俱黑，江船火独明。
        <p>晓看红湿处，花重锦官城。
    </body>
</html>
```

运行上述代码，其效果如图 6-39 所示。

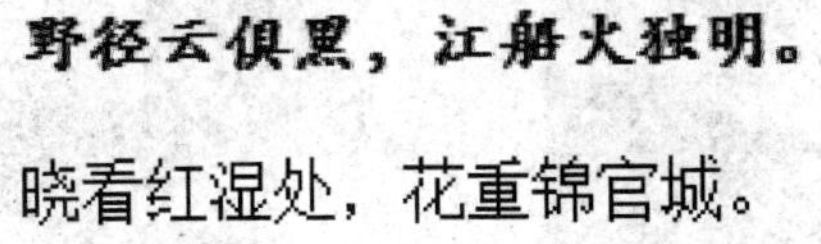

春夜喜雨

好雨知时节，当春乃发生。

随风潜入夜，润物细无声。

野径云俱黑，江船火独明。

晓看红湿处，花重锦官城。

图 6-39 设置字体样式的效果（二）

温 馨 提 示

　　CSS 缩写是用通用属性来代替多个相关属性的集合，常用于自行编写 CSS 规则代码或对 CSS 代码进行优化时。上述代码.size1 中的文本属性可以缩写为："font:bold 14px"华文楷体";"。

（3）背景属性。背景属性用于定义页面元素的背景色或背景图片，同时还可以精确控制背景出现的位置和重复平铺方向等，常用的背景属性见表 6-6。

表 6-6   常 用 的 背 景 属 性

属性名	含义	举　例
background	设置所有的背景样式	background:url（images/bg.gif）　repeat-x　10px 80px;
background-color	设置背景颜色	background-color:#ff0;（颜色使用了缩写）
background-image	设置背景图片	Background-image:url（images/bg.gif）;
background-repeat	设置背景图重复方式	background-repeat:no-repeat;
background-position	设置背景显示的起始位置	background-position: -10px 80px;（值为横向和纵向坐标）

说明：

1) background-repeat 属性常用值的有 repeat-x（横向）、repeat-y（纵向）、norepeat（不重复），默认为横纵向都重复（不填为默认值）。

2) background-position 中的值是一组坐标值，图片左上角为原点坐标"0px 0px"，图片向下和向右移动为正值，向上向左移动为负值，可以是像素值或百分比。图 6-40 和图 6-41 所示为背景图片无偏移和背景图片偏移-30px-40px（图片向左 30px 向上 40px）的效果。也可以用 top/right/bottom/left/center 用于定位背景图片，分别表示上/右/下/左/中。

网站开发中常见的是利用背景坐标偏移一张背景图中某部分内容，以减少客户端从服务器端下载图片的次数，提高服务器的性能。较流行的做法是将多张图片拼合在一张大图上，然后再用 background-position 属性截取其中的各个小图，最后再显示在页面中。常见的菜单图标的拼合与截取技术在网上称为 CSS Sprite 技术。改变背景图片出现的位置坐标就类似于放大镜的移动，图片截取关键是设置 background-position 的位置。

图 6-40　背景图片无偏移   图 6-41　背景图片偏移-30px -40px

注　意

与背景相关的属性都以 background 开始。与字体设置属性类似，在 CSS 中，可以通过 background 复合属性一次性设置。例如"background:url（../images/banner.gif）no-repeat 0px-80px;"同时设置了背景图像、图像重复方式和背景显示的起始位置。

（4）列表属性。在 CSS 中，列表属性主要用于设置页面中列表元素的各种样式，通过定义各种属性可以更改列表默认显示方式。

常见的分类列表或导航菜单一般都使用 ul-li 结构实现。图 6-42 为无样式的列表导航菜单，样式比较难看，应该去掉列表项（<li>）默认的圆点符号，且将排列方式改为横向。可以使用列表<li>的两个常用属性 list-style 和 float。

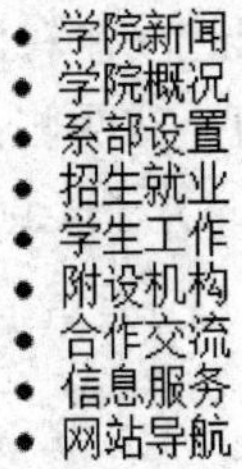

1）list-style。list-style 属性用于定义列表项的风格，常用的列表类型图标见表 6-7，但常用的是不使用任何图标，即设置"list-style:none;"。

- 学院新闻
- 学院概况
- 系部设置
- 招生就业
- 学生工作
- 附设机构
- 合作交流
- 信息服务
- 网站导航

图 6-42 无样式的
列表导航菜单

表 6-7　　　　　　　　　　　常用的列表类型图标

属性值	具体的含义	符号效果
disc	实心的圆形，用于无序列表中，这是列表符号的默认取值	●
circle	空心的圆形，用于无序列表中	○
square	实心的方块，用于无序列表中	■
decimal	阿拉伯数字，用于有序列表中	1..
lower-roman	小写的罗马数字形式，用于有序列表中	i.
upper-roman	大写的罗马数字形式，用于有序列表中	I.
lower-alpha	小写的英文字母形式，用于有序列表中	a.
upper-alpha	大写的英文字母形式，用于有序列表中	A.
none	不采用项目符号	

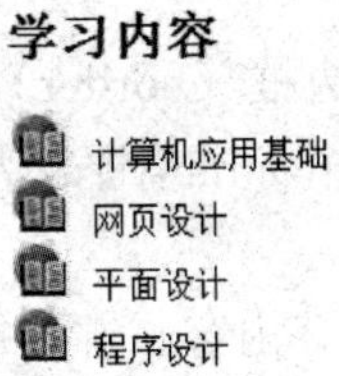

学习内容

- 计算机应用基础
- 网页设计
- 平面设计
- 程序设计

图 6-43 图像列表
显示效果

除此以外，也可以通过 list-style-image 属性利用图像作为列表符号。例如"list-style-image:url（images/book.gif）"，图像列表显示效果如图 6-43 所示。

2）float。HTML 元素分为块级元素和行内元素。块级元素占一行，无论内容多少只要是有两个块级元素就会换行，行内元素内容少时不会换行。页面布局时，会根据各元素在网页中出现的先后顺序，采用从上而下、从左到右的方式自动排列；对于块级元素会独占一行，而行级元素按行逐一显示，内容会随浏览器窗口的大小自动调整。可以用 float 属性定义元素的浮动方向，用于改变块级元素默认的换行显示方式为不再换行，所有元素都支持此属性。一般用于将纵向排列的元素改为横向排列，可以设置"float: left;"。常用的属性有"left""right"和"none"，默认为"none"，为不浮动。

块级元素（如<div>）设置浮动后将不再独占一行，而是占据行内元素的空间，紧贴同方向的上一个浮动元素或块级元素的边框，如果宽度不够将换行显示。

3）clear。浮动元素将根据浏览器窗口剩余的宽度决定是否换行显示，可以用 clear 属性清除先前设置的 float 浮动属性，从而实现强制换行的效果，此属性只对块级元素有效。常用的方法是"clear:both"，清除所有浮动。属性值常用的有"left"（在左侧不允许有浮动元素）、

"right"（在右侧不允许有浮动元素）、"both"（在两侧都不允许有浮动元素）和 "none"（默认值，在两侧都允许有浮动元素）。

4）子类选择器。在样式表中有以下子类选择器定义：

```
.nav li {width:84px; float:left; text-align:center; font-weight:bold; }
    .nav li a{color:#333; font-size:14px; }
    .nav ul li a:hover{background:url (../images/nav_bg.gif) no-repeat; }
```

在网页中调用此样式的代码：

```
<div class="nav">
<ul>
            <li>学院新闻</li>
            <li>学院概况</li>
            <li>系部设置</li>
            <li>招生就业</li>
            <li>学生工作</li>
            <li>附设机构</li>
            <li>合作交流</li>
            <li>信息服务</li>
            <li>网站导航</li>
    </ul>
</div>
```

代码运行后，图 6-42 的显示效果变为图 6-44 所示的效果。

图 6-44　应用了样式的列表导航菜单

（5）盒子属性。

1）盒子模型。在网页设计中常用内容（content）、填充（padding）、边框（border）、边界（margin）等属性名，CSS 盒子模式都具备这些属性。图 6-45 是一个标准盒子模型的示意图。

从图 6-45 可以看到，标准 W3C 盒子模型的范围包括边界、边框、填充、内容，并且内容部分不包含其他部分。

这些属性可以转移到日常生活中的盒子（箱子）上来理解，盒子即能装东西的箱子，也具有这些属性，所以称它为盒子模型。内容即盒子里装的东西；填充就是为防止盒子里装的东西（贵重的）损坏而填充的泡沫或者其他抗震的辅料；边框即盒子本身；边界则说明盒子摆放时不能全部堆在一起，要留一定空隙保持通风，同时也为了方便取出。在网页设计上，内容常指文字、图片等元素，也可以是小盒子（DIV 嵌套）。与现实生活中盒子不同的是，现实生活中东西一般不能大于盒子，否则盒子会被撑坏，而 CSS 盒子具有弹性，里面的东西大过盒子本身只会将它撑大，但不会使盒子损坏。填充只有宽度和高度属性，可以理解为生活中盒子中的抗震辅料厚度；而边框有大小和颜色之分，又可以理解为生活中所见盒子的厚度以及这个盒子是用什么颜色材料做成的，边界就是该盒子与其他物品要保留的距离。

每个 HTML 标记都可看作一个盒子；每个盒子都有边界、边框、填充、内容四个属性；

每个属性都包括四个部分：上（top）、右（right）、下（bottom）、左（left）；这四部分可同时设置，也可分别设置。

　　IE 盒子模型的范围也包括边界、边框、填充、内容，与标准 W3C 盒子模型不同的是：IE 盒子模型的内容部分包含了边框和填充，如图 6-46 所示。

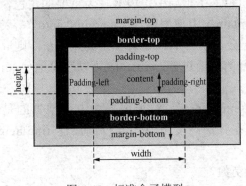

图 6-45　标准盒子模型

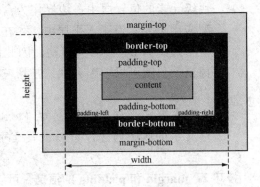

图 6-46　IE 盒子模型

> 注　意
>
> 　　声明宽（width）和高（height）来定义一个元素的内容的宽度和高度，如果没有做任何的声明，宽度和高度的默认值将是自动（auto）。

　　例如，一个盒子的边界为 20px，边框为 1px，填充为 10px，内容的宽为 200px、高为 50px，如果用标准 W3C 盒子模型解释，则盒子实际大小、标准盒子模型和 IE 盒子模型尺寸计算方法如表 6-8 所示。

表 6-8　　　　　　　　盒子实际大小、标准盒子模型和 IE 盒子模型尺寸计算方法

值	content	盒子实际大小 （padding+border）×2+content	标准盒子模型 （padding+border+margin）×2+content	IE 盒子模型 margin×2+content
宽	200px	1×2+10×2+200=222px	20×2+1×2+10×2+200=262px	20×2+200=240px
高	50px	1×2+10×2+50=72px	20×2+1×2+10×2+50=112px	20×2+50=70px

　　实际应用中，在网页顶部加上 DOCTYPE 声明来设置选择的是"标准 W3C 盒子模型"。如果不加 DOCTYPE 声明，则各个浏览器会根据自己的行为去理解网页，即 IE 浏览器会采用 IE 盒子模型去解释，而 Firefox 浏览器会采用标准 W3C 盒子模型解释，所以网页在不同的浏览器中显示会不同。反之，如果加上了 DOCTYPE 声明，则所有浏览器都会采用标准 W3C 盒子模型去解释盒子，网页就能在各个浏览器中显示一致了。为了让网页能兼容各个浏览器，要用标准 W3C 盒子模型。

　　2）边界及填充属性及缩写形式。"margin:0px;"使用了缩写，完整的应该是：margin-top:0px;margin-right:0px;margin-bottom:0px;margin-left:0px 或 margin:0px 0px 0px 0px；顺序是上/右/下/左，也可以书写为 margin:0（缩写）；说明使用该样式的元素对上右下左边距为 0 像素，如果使用自动则是自动调整边距，另外还有以下几种写法：

margin:0px auto；说明上下边距为 0px，左右为自动调整；以后将使用到的填充属性和边界有许多相似之处，它们的参数是一样的，只不过各自表示的含义不相同，边界是外部距离，而填充则是内部距离。

技巧 1：如何使实现元素居中？

➤ 块级元素的位置居中：边界作为盒子间距，在布局中扮演着较为重要的角色，典型应用为元素设置水平居中，如在#container 中使用属性"margin:0 auto;"，表示上下边距为 0，左右为自动，因此该层会自动居中。如果要让页面居左，则取消掉自动值就可以，因为默认是居左显示的。通过 margin:auto 可以轻易地使<div>自动居中。

➤ 文字内容水平居中：设置为"text-align:center;"，对于垂直居中，常见的是单行文字的居中问题，可以设置文字所在行的高度 heitht 与行高属性 line-height 一致。

技巧 2：margin 和 padding 的值是否可以为负数？

margin 使用负数比较常见，是为了让标签向某个方位缩进，这样就不用加 position 属性来定位，例如多个 div 使用负数可以达到层叠的效果，类似多张白纸叠在一起。而 padding 使用负数的话，一般页面效果会更差，所以 padding 的值不设为负数。

3）边框属性。边框比边距复杂一些。除四个边外，又分为边框颜色（border-color）、宽度（border-width）和样式（border-style）三方面的属性，border-style 常用的取值有 none（默认值，为无边框）、solid（实线）和 dashed（虚线）等。缩写形式为 border:宽度线形颜色，宽度也是遵循上/右/下/左的顺序。

4. 网页结构

div 结构如下，其效果图如图 6-47 所示。

```
|body {}/* HTML 元素*/
└#container {}/*页面层容器*/
    ├#header {}/*页面头部*/
    ├#main {}/*页面主体*/
    |├.main_left {}/*侧边栏*/
    |└.main_right {}/*主体内容*/
    └#footer {}/*页面底部*/
```

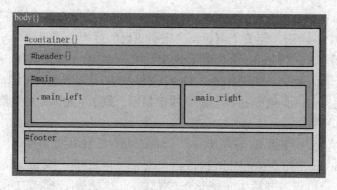

图 6-47　使用 div 进行布局的网页结构

温 馨 提 示

编写 HTML 层次结构时，按先上后下分行，然后每行从左到右的文档流顺序。即头部
<div>里依次包含 logo、顶部 banner、导航栏三个<div>。

➢ 确定各 div 块的宽度（width）和高度（height）属性，并设置相应的填充值。

➢ 确定哪些 div 块需要设置浮动及清除。

➢ 细节修饰，设置<body>、<div>标签边距和居中效果，字体样式及各背景色（可以不设）。

至此，页面布局与规划已经完成，接下来开始书写 HTML 代码和 CSS。

（1）在网页中添加样式或样式文件，新建一个 HTML 空白页，从右侧的 CSS 样式面板
的全部标签页右下角单击"新建 CSS 规则"按钮，如图 6-48 所示。

弹出图 6-49 所示的"新建外部样式表"对话框，可以在"为 CSS 规则选择上下文选择
器类型"来重新定义选择器（标签），弹出如图 6-50 所示的对话框，也可以从"选择定义规
则的位置"的列表中选择使用样式表文件，图 6-51 所示为选择了"新建样式表文件"后的对
话框。输入保存 CSS 样式的文件名，即可新建一个外部样式文件，如以 style.CSS 为名存盘。

图 6-48 "新建样式表"按钮

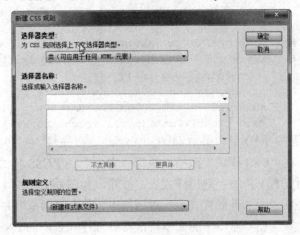

图 6-49 "新建外部样式表"对话框

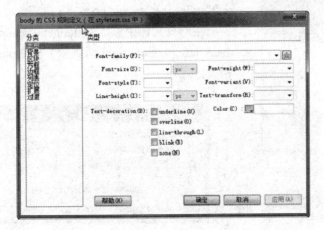

图 6-50 "CSS 规则定义"对话框

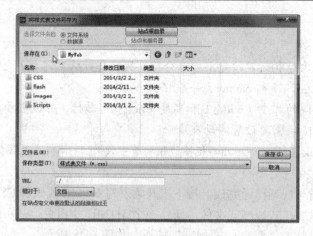

图 6-51   保存外部样式表

（2）附加外部样式。可以事先编写好样式表文件，再将其附加到网页中应用该文件中的样式。样式表文件 style.CSS 的内容如下：

```
.line_border{border:#000 groove;}
#container{ margin:10px auto; width:945px; background-color:#FFC; padding:20px
  20px; }
#header{width: 900px ;height: 30px;padding:15px 20px; background-color: #6FC; }
#maindiv{width: 900px;height: 160px;padding:10px 20px;background-color:#0FF;
        margin: 10px 0px;}
    .mainbackground{background-color:#FF6; padding:20px;0px; float:left;}
    .main_left{width:200px; height:80px; }
    .main_right{width:350px; height:80px; }
#footdiv{ width:940px; height:100px; background-color:#FCF;}
```

在"CSS 样式"面板（执行"窗口"→"CSS 样式"命令可以显示该面板）中，单击位于面板右下角的"附加样式表"按钮，如图 6-52 所示。

在"附加外部样式表"对话框中，单击"浏览"并找到创建的 style.CSS 文件，单击"确定"。"文档"窗口中的文本将根据外部样式表中的 CSS 规则来设置格式，如图 6-53 所示。

在<head>中会添加代码" <link href="CSS/style.CSS" rel="stylesheet" type="text/CSS" />"。

在网页文件中添加 container、header、main（其中包含 main_left 和 main_right 两部分）和 footer 四个 div，并设置相关样式。

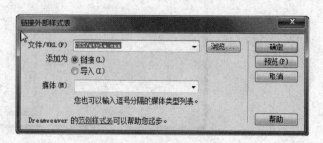

图 6-52   附加样式表   图 6-53   链接外部样式表

代码示例：

```
<body>
    <div>body{}</div>
    <div id="container" class="clearMarginPadding line_border">#container{}
    <div id="header" class="clearMarginPadding line_border">#header{}</div>
    <div id="maindiv" class="line_border">#main<br />
            <div class="main_left line_border mainbackground ">.main_left</div>
    <div class="main_right line_border mainbackground ">.main_right</div>
    </div>
    <div id="footdiv" class="c line_border">#footer</div>
</body>
```

保存文件，在浏览器中可以看到图 6-47 所示的网页框架效果。

☛ **任务实施**

（1）新建一个空白网页文件 index.html，在代码视图下在<body>标签中添加以下代码：

```
<div id="container">
<div id="title"></div>
<div id="main">
<div class="main_left fl_l t_align_c padding10-17"></div>
<div class="main_right fl_l w435">
<div id="footerdiv"class="t_align_c padding10-17"></div>
</div>
```

（2）新建一个外部样式文件，命名为 style.CSS，存放在站点下的 CSS 文件夹中。其主要
内容为：

```
@charset "gb2312";
body {margin: 0px  auto; font-size:12px;}
ul,ol,tr {margin:0px;padding:0px;}
.padding10-17 {padding:10px 17px;}
#container{ margin:5px auto; width:1080px; text-align:center;}
#title{ width:1002px; height:100px; padding:0px 0px; margin:0px 0px; }
#main{width:968px; height:315px; }
    .main_left{ width:515px; height:314px;}
    .main_right{ height:314px; width:435px;}
#footerdiv{height:200px;width:968px; clear:both; }
```

（3）在网页 index.html 中附加外部样式表。在"CSS 样式"面板（执行"窗口"→"CSS
样式"命令可以显示该面板）中，单击位于面板右下角的"附加样式表"按钮，链接外部样
式表文件 style.CSS。在<head>中会添加代码 "<link href="CSS/style.CSS" rel="stylesheet"
type="text/CSS" />"。

网页文件代码为：

```
<body>
<div>body{}</div>
<div id="container" class=" line_border">#container{}
```

```
<div id="header" class="clearMarginPadding line_border">#header{}</div>
<div id="maindiv" class="line_border">#main<br />
        <div class="main_left line_border mainbackground ">.main_left</div>
<div class="main_right line_border mainbackground ">.main_right</div>
</div>
<div id="footdiv" class="c line_border">#footer</div>
</body>
```

保存文件，在浏览器中可以看到网页基础结构，这就是页面的框架，如图 6-54 所示。

图 6-54　网页布局效果

（4）设计网页上方 banner 图片部分，示例代码：

```
<div id="title">/*使 title*/
<div class="title_Top"></div>
<div class="title_Bottom_left"></div>
<div class="title_Bottom">
<div class="title_Bottom_date">显示系统时间</SCRIPT></div>
<div class="title_Bottom_old">
          <A href="http://old.bvca.edu.cn/" target=_blank>"怀念旧版"</A></div>
</div>
</div>
```

修改和增加 sytlesheet.CSS 文件内容为：

```
#title{background:url（../images/banner.gif）no-repeat; width:1002px; height:100px;
     padding:0px 0px; margin:0px 0px; }/*添加背景图片*/
   .title_Top{width:1002px; height:80px;}
   .title_Bottom_left{background:url（../images/banner.gif）no-repeat 0px
       -80px;width:740px;  height:20px;float:left;}
   .title_Bottom{width:262px;  height:20px;float:left;
       background:url（../images/sj_03.gif）no-repeat;}
   .title_Bottom_date{width:175px;height:20px; float:left;}
   .title_Bottom_old{width:87px; float:right;height:20px}
```

保存文件，在浏览器中可以看到效果，如图 6-55 所示。

图 6-55 添加网页 banner 的效果

（5）在 id 为"title"的 div 中添加一个导航条 div，相应页面代码为：

```html
<!--导航条-->
<div class="nav clear">
  <div class="nav_bg">
<div class="nav_left fl_l"><img src="images/index1_05.gif" />
      <IMG src="images/1011118201143364.gif" /></div>
<div class="nav_menu_index fl_l t_align_c ">
      <a href="www.bvca.edu.cn">首页</a></div>
<div class="fl_l"><ul>
<li>学院新闻</li><li>学院概况</li><li>系部设置</li>
      <li>招生就业</li><li>学生工作</li><li>附设机构</li>
      <li>合作交流</li><li>信息服务</li><li>网站导航</li>
      </ul></div>
<div class="nav_right"><img src="images/index1_09.gif" /></div>
</div>
```

修改和增加 sytlesheet.CSS 文件内容如下：

```css
.fl_l{ float:left;}
.fl_r{float:right;}
.t_align_l{text-align:left; padding:6px auto;}
.t_align_c{text-align:center; padding:6px auto;}
.t_align_r{text-align:right; padding:6px auto;}
.clear{clear:both;}

.nav{height:31px;  padding:5px 17px 0px 17px;width:968px;}
.nav_bg{background:url (../images/index1_07.gif) repeat-x; height:31px;width:968px;}
.nav_left{width:17px; height:21px;}
.nav_menu_index{ background:url (../images/1011118201149285.gif) 1px 3px no-repeat;
  width:70px; height:21px; padding-top:6px; font:bold 12px; }
.nav_right{width:18px; height:31px; float:right; text-align:right;}
.nav li {list-style:none;width:95px; height:21px;float:left;text-align:center;
 padding-top:8px;
      background:url (../images/1011118201143364.gif) no-repeat; font:bold12px;
   color:#FFF;}
```

保存文件，在浏览器中可以看到效果，如图 6-56 所示。

图 6-56 添加网页导航的效果

（6）在 id 为"main"中的 main_left 和 main_right 两个 div 添加内容，相应页面代码为：

```
<div id="main" class="clear">
<!—左侧图片部分区块内容-->
<div class="main_left fl_l t_align_c">
        <img src="images/picture/1.jpg" width="500" height="312" alt="bvca" /></
div>
    <!—右侧新闻与通知部分区块内容开始-->
    <div class="main_right fl_l w435" >
<!--学院新闻部分区块的开始-->
<div class="main_right_top_table">
<div class="main_right_top fl_l w435">
<div class="main_right_top_title  main_title_text fl_l">学院新闻</div>
        <div class="main_right_top_more fl_r">更多</div>
<div class="clear"><div class="main_right_cell_news">
            <a href='#' title='新闻1' target=_blank> - 学院新闻1...</a></div>
            <div class="main_right_cellnewsdate">2014-03-14</div>
        </div>
        ……<!—此处与上面类似加入学院新闻的内容 -->
    </div>
</div><!--学院新闻部分区块结束-->
    <!--通知通告部分区块开始-->
<div class="main_right_middle fl_l w435">
<div class="main_right_middle_title m">通知通告</div>
<div class="main_right_middle_space"></div>
<div class="main_right_middle_table">
<div class="clear"><div class="main_right_cell_data">
        - <a title=通知1 href="#" target=_blank>通知通告1…</a></div>
        <div class="main_right_celldate">2014-03-14</div>
        </div>
        ……<!—此处与上面类似加入学院新闻的内容 -->
</div><!--通知通告部分区块结束-->
</div><!—右侧新闻与通知部分区块内容结束-->
</div><!—main部分区块内容结束-->
```

修改和增加 sytlesheet.CSS 文件内容为：

```
w435{width:435px;}
#main{width:968px; height:325px; padding:10px 17px; }
  .main_left{ width:515px; height:314px;}
  .main_right{ height:314px;}
 .main_right_top{ background:url(../images/index_03.gif)no-repeat;height:168px;
    width:435px;}
  .main_right_top_title{height:16px;padding:15px 50px;font:bold 13px;color:
#227130 }
      .main_right_top_more{ width:56px; padding: 15px 0px;height:16px; }
      .main_right_top_table{height:120px;}
  .main_right_middle{background:url(../images/index_11.gif)no-repeat;
width:435px;
      height:132px; }
  .main_right_middle_title{height:15px; padding:5px 20px; font:bold 13px;
    color:#227130;background:url(../images/index_06.gif)no-repeat;
```

```
text-align:left;}
      .main_right_middle_space{ background:url(../images/index_09.gif) no-repeat;
           height:12px;}
      .main_right_middle_table{height:122px;background:url(../images/index_11.gif)
           repeat-x; width:432px;}
      .main_right_cell_data{width:305px;height:16px;padding:5px 20px;
           float:left;text-align:left;}
   .main_right_celldate{width:65px;;height:16px;padding:5px 10px; float:right;}
         .main_right_cell_news{width:308px;height:16px;padding:5px 20px; float:
left;
                  text-align:left;}
      .main_right_cellnewsdate{width:65px;;height:16px;padding:5px10px;float:
right;}
```

保存文件，在浏览器中可以看到效果，如图 6-57 所示。

图 6-57　加入 main 部分内容的网页效果

（7）在 id 为"footdiv"中的友情链接"friendlink""partlink""line"和"copyright"几个
div 中添加内容，部分页面代码为：

```
<div id="footerdiv" >
     <div class="friendlink">
<div class="link fl_l">
<SELECT class="link_select" name="select"
        onchange="window.open (this.options[this.selectedIndex].value,
'_blank')" >
   <OPTION  selected>----院内机构----</OPTION>
   <OPTION value=http://58.30.20.132/jiaowuchu>教务处</OPTION>
   <OPTION value=……</OPTION><!--学院其他部门信息-->
        </SELECT>
   <SELECT class="link_select"
        onchange="window.open (this.options[this. selectedIndex].value,
'_blank')"
        name="select">
```

```
<OPTION selected>----相关链接----</OPTION>
<OPTION value=http://www.agri.gov.cn/>农业部</OPTION>
<OPTION value=……</OPTION><!--院外相关部门信息-->
</SELECT>
</div>
</div>
<div class="partlink fl_r">
<ul>
<li><a href="http://58.30.20.132/2013_zyfwcy/index.html" target=_blank><img
        src="images/131111143626367.jpg" ></a></li>
        <li><a href="http://58.30.20.132/sfxys/index.html" target=_blank>
            <img src="images/111118111251105.jpg" /></a></li>
            <li><a href="http://iec.bvca.edu.cn/" target=_blank>
                <img src="images/111118111255730.jpg"></a></li>
<li><a href="http://jd.bvca.edu.cn/" target=_blank>
            <img src="images/111118111258918.jpg"></a></li>
<li><a href="http://58.30.20.132/dwgk/index.html" target=_blank>
            <img src="images/111118111302168.jpg"/></a></li>
</ul>
</div><!--网页中的部门链接代码与此类似，略-->
   <div class="shortlink_img t_align_c>
<a href="http://zgm.12371.cn/special/" target=_blank>
            <img src="images/131105150758630.jpg" /></div>
<div class="line"></div>
<div  class="copyright left_padding ">北京农业职业学院版权所有 All Rights
        Reserved  京 ICP 备 05031047 号京公安网备 1101112011003 号
        <br />网站维护：北京农业职业学院党政办公室网络和信息化中心
</div>
</div>
```

修改和增加 sytlesheet.CSS 文件内容为：

```
#footerdiv{height:205px;width:968px; padding:10px 17px; clear:both;}
    .friendlink{height:69px; }
        .link{width:160px;height:49px; padding:10px 0px 5px 27px; text-align:
right; }
        .link_select{width:160px; height:30px;}
        .partlink{width:760px; height:69px;}
        .partlink li{width:132px; height:56px;list-style:none;float:left;
text-align:center;
            padding:10px 10px; }
        .shortlink{height:15px; text-align:center;}
        .shortlink a{ color:#008040;}
        .shortlink_img{width:968px; height:55px; text-align:center;}
        .copyright{ color:#008040; background:url (../images/index_15.gif)
repeat-x;
            height:24px;text-align:center; }
        .line{ background-color:#30a441; height:3px; margin:2px 0px}
```

保存文件，在浏览器中可以看到图 6-33 所示的网页效果。实际应用中加入具体新闻和通知内容，如图 6-58 所示。

图 6-58 网页最终效果图

 任务拓展

（1）更改 sytlesheet.CSS 文件中的样式，在浏览器中查看效果。

（2）根据自己所在的学校或工作单位的需求，使用 DIV+CSS 进行合理的网页布局，设计网页内容。

项 目 总 结

通过苗木中心网页与校园网主页内容编排，讲述使用表格、框架和 DIV+CSS 布局网页的方法，重点讲解了表格与 DIV+CSS 布局。在 DIV+CSS 部分介绍了行内样式表、嵌入样式表和外部样式表及用法；分析了标签选择器、类选择器、ID 选择器、伪类选择器和子类选择器等常用的几种选择器类型；对文本、字体、背景和列表等属性进行了重点讲解，同时也介绍了盒子模型。DIV+CSS 在网页布局中应用较为普遍，应通过反复练习熟练掌握常用的几种选择器、属性设置及 CSS 规则。

自 我 评 测

一、单项选择题

（1）在 CSS 语言中（   ）是"左边框"的语法。

A．border-left-width:<值>   B．border-top-width:<值>

C．border-left:<值>   D．border-top-width:<值>

（2）下列选项中不属于 CSS 文本属性的是（　　　）。

A．font-size
B．text-transform
C．text-align
D．line-height

（3）下列选项中（　　）是 CSS 正确的语法构成。

A．body:color=black
B．{body;color:black}
C．body{color:black;}
D．{body:color=black（body）}

（4）（　　）CSS 属性是用来更改背景颜色的。

A．background-color:
B．bgcolor:
C．color:
D．text:

（5）给所有的<h1>标签添加背景颜色的是（　　）。

A．.h1{background-color：#FFFFFF}
B．h1{background-color：#FFFFFF;}
C．h1.all{background-color：#FFFFFF}
D．#h1{background-color：#FFFFFF}

（6）（　　）CSS 属性可以更改样式表的字体颜色。

A．text-color=
B．fgcolor:
C．text-color:
D．color:

（7）（　　）CSS 属性可以更改字体大小。

A．text-size
B．font-size
C．text-style
D．font-style

（8）可以去掉文本超级链接下划线的是（　　）。

A．a{text-decoration：nounderline}
B．a {underline：none}
C．a {decoration：no underline}
D．a{text-decoration：none}

（9）（　　）CSS 属性能够设置文本加粗。

A．font-weight：bold
B．style：bold
C．font:b
D．font=

（10）（　　）CSS 属性能够设置盒模型的内补丁为 10.20.30.40（顺时针方向）。

A．padding:10px 20px 30px 40px
B．padding:10px 1px
C．padding:5px 20px 10px
D．padding:10px

（11）（　　）属性能够设置盒模型的左侧外补丁。

A．margin
B．indent:
C．margin-left:
D．text-indent:

（12）下面哪个 CSS 属性是用来更改背景颜色的？（　　）

A．background-color:
B．bgcolor:
C．color:
D．text

（13）能够定义列表的项目符号为实心矩形的是（　　）。

A．list-type:square
B．type:2
C．type:square
D．list-style-type:square

（14）CSS 是利用（　　）XHTML 标记构建网页布局。

    A．<dir>　　　　　B．<div>　　　　　　　C．<dis>　　　　　　　　D．<dif>

（15）在 CSS 中不属于添加在当前页面的形式是（　　）。

    A．行内样式表　　　　　　　　　　　B．内嵌样式表

    C．层叠式样式表　　　　　　　　　　D．链接式样式表

二、填空题

（1）一个标签上应用多个类时，类名与类名之间用_____隔开。

（2）使用 link 元素调用 CSS 时，_____属性是用来指定 CSS 文件的路径的。

（3）CSS 的英文全称是 Cascading Style Sheets，中文名是_____。

（4）将表单或列表默认的边界值去掉，应输入_____。

（5）background-_____可以设置背景图片的平铺属性。

（6）_____:none 可以取消链接默认的下划线。

（7）设置文本居中对齐的声明是_____，设置单行文本在容器中垂直居中对齐可以设置_____等于容器高度。

（8）万维网的英文全称是_____。

（9）_____可以清除左右浮动。

（10）_____可以让 DIV 在水平方向上并列。

（11）给多个标签同时定义一组相同的样式时，标签与标签之间用_____隔开，给一个标签定义多组样式时，样式与样式之间用_____隔开。

（12）因为实现了_____和_____相分离，所以使得修改页面外观很容易，同时可以不变动页面内容。

（13）_____是设置底边框的。

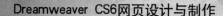
项目七 模板和库的使用

在进行大量的页面制作时，很多页面会用到相同的布局、图片和文字等元素。为了避免重复劳动，可以使用模板和库功能，将具有相同版面结构的页面制作成模板，将相同的页面元素制作成库项目，并存储在库文件中以便随时调用。

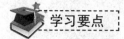 学习要点

（1）理解模板和库的作用。
（2）掌握模板和库的创建、编辑等基本操作。
（3）能够使用模板和库批量制作和修改网页。

任务一 使用模板创建有重复内容的网页

利用模板可以使网页制作的工作量大大减少，可以批量制作具有一些类似布局而内容有所不同的网页，减少了重复操作。通过本任务的学习，掌握模板的创建方法以及使用模板创建网页的方法。

任务分析

打开 zxjj.html 网页文件，保存为模板，将插入新内容的部分指定为可编辑区域，如图 7-1 所示。再使用这个模板创建一个新网页，如图 7-2 所示。

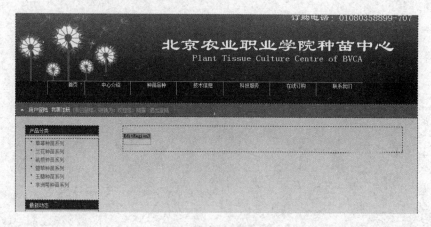

图 7-1 模板页面

相关知识

1. 模板的含义

模板是一种特殊类型的文档，用于设计布局和内容比较固定的网页文件，文件扩展名

为.dwt。模板最大的作用就是可以创建统一风格的网页文件，修改模板的同时可以更新站点中所有使用该模板创建的网页文件，不需要逐一修改，这样就能大大提高设计者的工作效率。

图 7-2　使用模板创建的网页

模板文件必须存放在站点文件夹下的 Templates 文件夹中，不能将 Templates 文件夹移到站点文件夹之外，否则将引起模板的路径错误。此外，Templates 文件夹中不能存放任何非模板文件。

2. 模板的创建

模板创建的方法有两种：直接创建模板或者将普通网页另存为模板。创建模板文件和创建一个普通页面的方法完全相同，不需要把页面的所有部分都制作完成，仅需要制作导航条、标题栏等各个页面的共有部分即可。

（1）方法一：直接创建模板。选择菜单"文件"→"新建"命令，打开"新建文档"对话框，在对话框中选择"空模板"→"HTML 模板"→"无"，如图 7-3 所示。单击"创建"按钮，即可创建一个模板网页。

编辑完成模板网页后，选择菜单中的"文件"→"保存"，弹出"另存模板"对话框，在"另存为"文本框中输入模板名称，如图 7-4 所示。单击"保存"按钮，即可保存创建的模板文件。

（2）方法二：将普通网页存为模板。打开普通网页文件，执行"文件"→"另存为模板"命令，打开"另存为模板"对话框，输入模板名称即可。

3. 创建可编辑区

创建模板后，需要指定哪些内容是可以编辑的，哪些内容是不能编辑的。为了避免编辑时因误操作而导致模板中的元素发生变化，模板中的内容默认为不可编辑。模板创建者可以在模板的任何区域指定可编辑的区域，而且要使模板生效，须至少包含一个可编辑区域，否则该模板没有任何实质意义。

创建可编辑区域的方法：

方法一：单击"常用"选项卡中的"模板"→"可编辑区域"选项。

方法二：直接在模板空白处单击右键，选择"模板"下的"新建可编辑区域"选项。

方法三：执行菜单命令"插入"→"模板对象"→"可编辑区域"，打开新建"可编辑区域"对话框，对可编辑区命名即可。

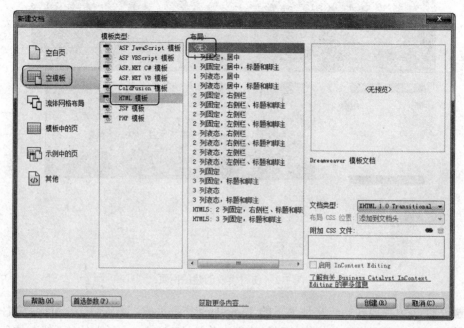

图 7-3　创建新的模板页

📖 **延伸阅读**

在基于模板创建的网页中，只有可编辑区域是可以进行编辑的，可编辑区域之外的区域均被锁定。若要将文档从模板中分离，方法是执行"修改"菜单下"模板"中的"从模板中分离"命令，这就使网页成为一个普通文档，不再与模板有关系。

4. 应用模板

单击菜单"文件"→"新建"，弹出"新建文档"

图 7-4　"另存模板"对话框

对话框，在"新建文档"对话框中选择"模板中的页"标签，选择要使用的模板，如图 7-5 所示。然后单击"创建"按钮，这样将基于这个模板创建一个新的网页。

💾 **任务实施**

1. 将现有文件保存为模板

打开 zxjj.html 网页文件，将网页中需要修改的部分删除，只保留网页中相同的部分，如图 7-6 所示。

选择菜单"文件"→"另存为模板"，打开"另存模板"对话框，在对话框中的"站点"下拉列表中选择保存模板的站点，在"另存为"文本框中输入模板的名称，如图 7-4 所示。

单击【保存】按钮。

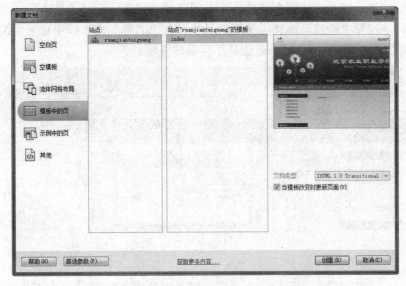

图 7-5 "新建文档"对话框选择要使用的模板

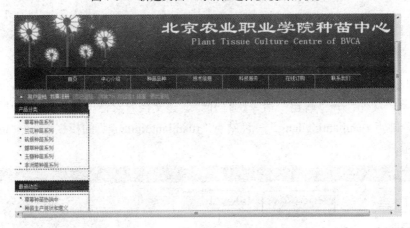

图 7-6 保留网页中相同的部分

 温馨提示

在保存模板时，如果模板中没有定义可编辑区域，系统将会显示警告信息，如图 7-7 所示。

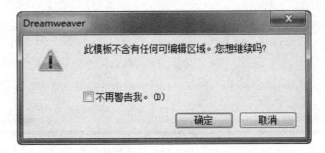

图 7-7 Dreamweaver 提示对话框

2. 创建可编辑区

打开模板文件，将光标放置在要插入可编辑区域的位置，选择"插入"→"模板对象"
"可编辑区域"，打开"新建可编辑区域"对话框，在"名称"文本框中输入可编辑区域的名
称，如图 7-8 所示。单击"确定"，就创建了可编辑区域。

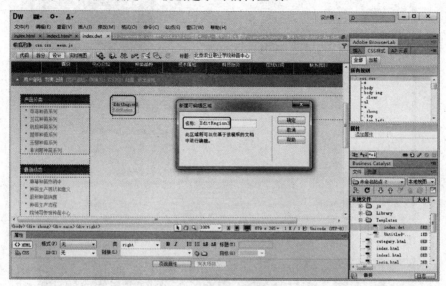

图 7-8　创建可编辑区域

3. 使用模板创建新网页

选择菜单"文件"→"新建"命令，打开"新建文档"对话框，在对话框中选择"模板
中的页"→"站点 ruanjiantuiguang"→"站点"ruanjiantuiguang"的模板："→"index"选项，
如图 7-9 所示。

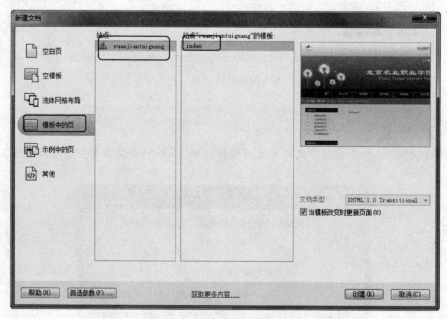

图 7-9　使用模板创建新网页

单击"创建"按钮，即创建了一个模板网页，如图 7-10 所示。

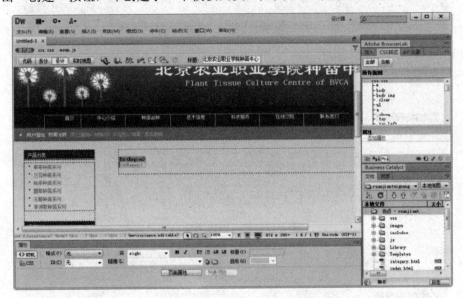

图 7-10　新建模板网页

　　将光标放置在可编辑区域中，选择菜单"插入"→"表格"，插入 3 行 1 列的表格。将光标置于表格的第 1 行单元格中，选择菜单"插入"→"图像"，打开"选择图像源文件"对话框，选择图像文件"center.jpg"，单击"确定"按钮，插入图像，如图 7-11 所示。

　　将光标放置在表格第 2 行单元格中，选择菜单"插入"→"表格"，插入 1 行 3 列的表格。分别在 3 个单元格中插入"img_8.gif""title_1.jpg"和"more.gif"三张图片，如图 7-12 所示。

　　将光标放置在表格第 3 行单元格中，选择菜单"插入"→"表格"，插入 6 行 2 列的表格。将光标放置在刚插入的表格中，输入文字，如图 7-13 所示。

　　选择菜单"文件"→"保存"，打开"另存为"对话框，在"文件名"文本框中输入"zmpz.html"，单击"保存"按钮，保存为网页文件。

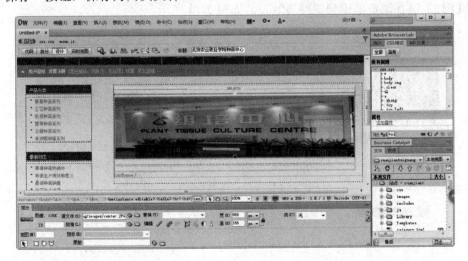

图 7-11　插入图像（一）

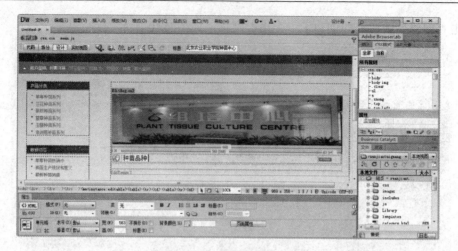

图 7-12　插入图像（二）

图 7-13　输入文字

按【F12】键在浏览器中预览网页效果，如图 7-14 所示。

图 7-14　使用模板创建的网页最终效果图

图 7-15　"资源"控制面板

任务拓展

修改本项目任务一中创建的模板文件，然后更新使用这个模板
制作的网页。

操作提示

1. 修改模板

选择"窗口"→"资源"，打开"资源"控制面板，如图 7-15
所示。单击左侧的"模板"按钮，"资源"控制面板右侧显示本站
点的模板列表，在模板列表中双击模板文件名称，打开模板文件，
即可根据需要修改模板内容。

温馨提示

单击模板列表中的模板名称，输入一个新的文件名，即可重命名模板文件。然后，按
"Enter"键，弹出"更新文件"对话框，如图 7-16 所示。单击"更新"按钮，则更新网站
中所有基于此模板的网页，否则单击"不更新"按钮。

在模板列表中选中模板，单击控制面板下方的删除"按钮"，则该模板文件从站点中删除。
删除模板后，基于此模板创建的网页还会保留删除模板的结构和可编辑区域。

2. 更新站点

选择"修改"→"模板"→"更新页面"，打开"更新页面"对话框，如图 7-17 所示。

"查看"选项：如果在第一个下拉列表中选择"文件使用……"，在第二个下拉列表中选
择模板名称，则更新应用这个模板制作的网页。如果在第一个下拉列表中选择"整个站点"，
在第二个下拉列表中选择站点名称，则使用所有修改后的模板更新整个站点中的基于模板创
建的全部网页。

"更新"选项组：设置更新的类别，这里选择"模板"复选框。

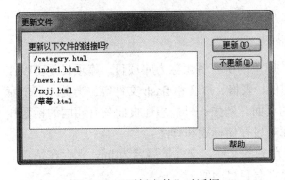

图 7-16　"更新文件"对话框

图 7-17　"更新页面"对话框

"显示记录"选项：如果勾选复选框，则显示试图更新的文件信息，包括是否更新成功的信息。

"开始"按钮：设置完成后单击此按钮，则按照指示更新文件。

"关闭"按钮：单击此按钮，关闭"更新页面"对话框。

任务二　使用库简化相似网页制作

通过本任务的学习，掌握创建和编辑库项目的方法，以及在页面中使用库项目的方法。

任务分析

创建一个库项目 top.lbi，如图 7-18 所示。将这个库项目添加到 index.html 网页文件中，如图 7-19 所示。

图 7-18　库项目

图 7-19　使用库项目的网页

相关知识

库是一种特殊的 Dreamweaver CS6 文件，库里的所有资源称为库项目。库项目是可以在多个页面中重复使用的存储页面元素，包括图像、表格、声音和 flash 文件等。当更改某个库项目的内容时，可以更新所有使用该库项目的页面。例如，只是想让页面具有相同的标题和脚注，但具有不同的页面布局，则可以使用库项目存储标题和脚注。

Dreamweaver CS6 将每个库项目作为一个单独的文件，文件扩展名为.lbi，保存在站点本地根文件夹下的 Library 文件夹中，每个站点都有自己的库。

任务实施

1. 创建库项目

选择菜单"文件"→"新建"，打开"新建文档"对话框，选择"空白页"→"页面类型"→

"库项目"，如图 7-20 所示。单击"创建"按钮，即创建了一个空白文档。

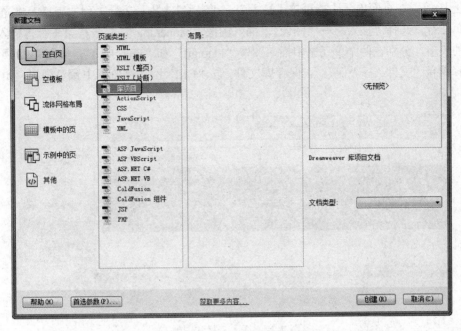

图 7-20 创建库项目

选择菜单"文件"→"保存"，打开"另存为"对话框，在"文件名"文本框中输入名称 top.lbi，如图 7-21 所示。单击"保存"按钮，保存为库项目。

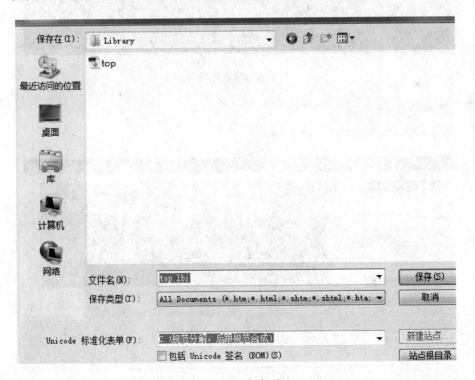

图 7-21 保存库项目

2. 编辑库项目

将光标放置在页面中，选择菜单"插入"→"表格"，插入 2 行 1 列的表格。将光标放在表格的第 2 行，选择"插入"→"图像"，插入图像"banner.jpg"，在表格第 1 行再插入一个 1 行 2 列的表格，分别在两个单元格中插入图像"logo.gif"和"img_1.gif"，如图 7-22 所示。

选择菜单"文件"→"保存"，保存库文件，按"F12"键在浏览器中预览效果，如图 7-23 所示。

图 7-22　插入表格和图像

图 7-23　预览库项目

3. 应用库项目

打开网页文件 index.html，如图 7-24 所示。

图 7-24　打开网页文件

选择菜单"窗口"→"资源"，打开"资源"面板，在面板中单击"库"按钮，显示站点中的库项目，如图 7-25 所示。

将光标放置在网页上要插入库项目的位置，在"资源"面板中选中库项目 top，单击左下角的"插入"按钮，插入库项目，如图 7-26 所示。

保存网页文件，按"F12"键在浏览器中预览效果，如图 7-27 所示。

 任务拓展

修改库项目 top，更新所有使用这个库项目的网页文件。

 操作提示

图 7-25　"资源"面板

在资源面板中选择需要修改的库项目，双击将其打开，即可在弹出的页面中对其进行修改。保存修改后的文件，应用了该库项目的页面将会自动得到更新。

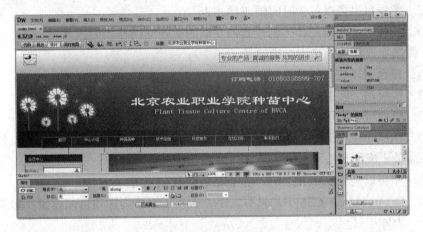

图 7-26　插入库项目

图 7-27　插入库项目的效果图

项 目 总 结

本项目介绍了模板和库的相关概念和使用方法。在模板部分，需要掌握模板的创建方法以及在模板中创建可编辑区域的方法。重点掌握如何使用模板创建网页文件。在库部分，需要掌握创建和编辑库项目的方法，以及在页面中使用库项目的方法。

自 我 评 测

一、选择题

（1）下列说法错误的是（   ）。

     A．Dreamweaver CS6 允许将网站中需要经常更新的页面元素（如图像、文本）存入库中，存入库中的元素称为库项目

     B．库文件可以包含行为，但是在库项目中编辑行为有一些特殊的要求

     C．库项目也可以包含时间轴或样式表

     D．模板本质上就是作为创建其他文档的基础文档

（2）下面关于模板的说法不正确的是（   ）。

     A．模板可以统一网站页面的风格

     B．模板是一段 HTML 源代码

     C．模板可以由用户自己创建

     D．Dreamweaver CS6 模板是一种特殊类型的文档，它可以一次更新多个页面

（3）下面关于库的说法不正确的是（   ）。

     A．库可以是 E-mail 地址、一个表格或版权信息等

     B．Dreamweaver CS6 中，只有文字、数字可以作为库项目，而图片脚本不可以作为库项目

     C．库实际上是一段 HTML 源代码

     D．库是一种用来存储想要在整个网站上经常被重复使用或更新的页面元素

（4）下列选项中不能实现由一个文件来控制大批网页的是（   ）。

     A．模板   B．库   C．CSS   D．层

（5）库文件在（   ）中。

     A．文件面板   B．资源面板   C．属性面板   D．CSS 面板

（6）在创建模板时，关于可编辑区域的说法正确的是（   ）。

     A．只有定义了可编辑区域才能把模板应用到网页上

     B．在编辑模板时，只能编辑可编辑区域，不能编辑锁定区域

     C．一般把具有共同特征的标题和标签设置为可编辑区域

     D．以上说法都错

二、填空题

（1）模板文件的扩展名为_____。

（2）库文件的扩展名为_____。

三、操作题

将"hao123 网址之家"（http://www.hao123.com）的首页创建成模板，将图 7-28 所示的导航栏设置为可编辑区域，并创建库项目做成一个新的文档页面。

图 7-28　导航栏

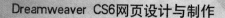
项目八 网页特效制作

网页制作时需要适当添加一些特殊效果，如滚动图片、弹出窗口等，网页特效的应用可以提高页面的观赏性，提升网页交互性，从而吸引更多的浏览者。本项目中我们主要学习使用行为和 JavaScript 脚本语言创建页面特效。

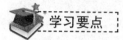 学习要点

（1）掌握行为的创建和使用方法。

（2）了解 JavaScript 脚本语言的语法。

（3）能够使用 JavaScript 脚本制作网页特效。

任务一 使用行为制作网页特效

任务分析

本任务使用行为制作种苗中心网站首页的弹出窗口，效果如图 8-1 所示。

图 8-1 弹出窗口

相关知识

1. 行为的概念

行为是 Dreamweaver CS6 内置的 JavaScript 程序库，由事件（Event）和动作（Action）组成。行为是指某个事件发生时浏览器执行的动作，能实现用户与网页间的交互，通过某个动作来触发。

事件是触发动态效果的原因，它可以被附加在各种页面元素上，也可以被附加到 HTML

标记中。常用的事件包括鼠标的移动或者点击、键盘的输入和控制等。

动作其实是一段网页上的 JavaScript 代码，这些代码在特定事件被激发时执行，从而实现访问者与 Web 页面之间的交互，以多种方式更改页面或执行某些任务。

2. 行为面板

Dreamweaver CS6 中，打开行为面板可以执行"窗口"→"行为"命令或按下 Shift+F4 组合键，面板打开后默认的位置位于"标签检查器"组合面板中，如图 8-2 所示。

使用行为面板可以将行为添加到选定的页面元素中，双击行为的名称还可以修改以前所添加的行为。已附加到当前所选页面元素的行为显示在行为列表中，并按事件分类后，以字母顺序列出。如果针对同一个事件列有多个动作，则会按在列表中出现的顺序执行这些动作；如果行为列表中没有显示任何行为，则表示没有行为附加到当前所选的页面元素中。

行为面板包含以下选项：

（1）显示设置事件 ：显示当前文档中的附加事件。

（2）显示所有事件 ：显示全部事件，并按字母顺序排序。

（3）添加行为 ：用于在当前选定元素中间添加动作，如图 8-3 所示，灰色选项表示禁用，即该元素不能添加的动作。

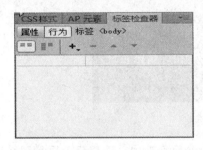

图 8-2　行为面板中的标签检查器

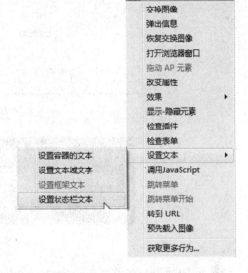

图 8-3　行为菜单

（4）删除事件 ：该选项可将选定的动作删除。

（5）移动事件顺序 ：调整行为列表中选定动作的排列顺序。

3. 常见事件

常见事件见表 8-1。

表 8-1　　　　　　　　　　　　　　常 见 事 件

onFocus	事件在对象获得焦点时发生
onBlur	事件在对象失去焦点时发生
onClick、onDblclick、onmouseDown 等	详见表 8-2 鼠标事件
onkeyPress、onkeyUp 等	详见表 8-3 键盘事件

任务实施

（1）打开项目八文件夹，将站点文件夹 bvcazm 复制到本地电脑中，打开 index.html。

（2）制作弹出窗口页面，新建 HTML 文件，命名为 adv.html，之后在菜单中执行"修改"→"页面属性"命令，打开"页面属性"对话框，选择对话框左侧"标题/编码"选项，在右侧"标题"文本框内输入网页标题"种苗中心"。选择左侧"外观（CSS）"选项，将字体设为"宋体"，文字大小设为 16 像素，文本颜色设为白色（#FFFF），背景颜色设为蓝色（#3366FF），如图 8-4 所示，最后在页面中输入文档信息，创建后效果如图 8-5 所示。

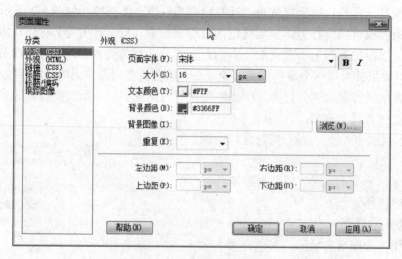

图 8-4 "页面属性"对话框

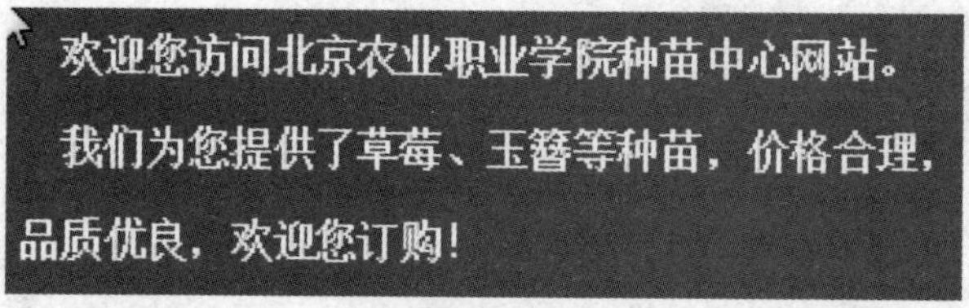

图 8-5 弹出窗口页面

（3）添加行为。在首页中选中\<body>标签，将整个页面选中，选择后效果见图 8-6。

图 8-6 选中\<body>标签效果

点击行为面板中的 按钮，在弹出的菜单中选择"打开浏览器窗口"命令，弹出"打开浏览器窗口"对话框，在对话框中作如下设置，要显示的 URL 中选择 adv.html，窗口宽度设为 380 像素，高度设为 160 像素，选中"需要时使用滚动条"复选框，窗口名称设置为"种苗中心"，如图 8-7 所示。点击"确定"按钮，在行为面板中会看到添加好的"onLoad"事件，效果如图 8-8 所示，当选定的首页页面加载时，做好的弹出页面会随之一起打开。

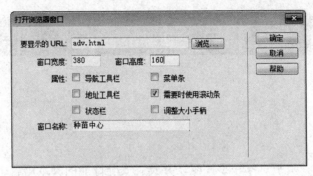

图 8-7　设置弹出窗口参数

（4）保存并预览网页，效果如图 8-1 所示。

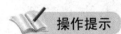 **任务拓展**

行为面板还提供了很多其他的动作，如交换图像、弹出信息、设置文本等。在此任务中请实现弹出信息框操作。

操作提示

选中页面元素，执行行为面板中的"添加行为"操作，在弹出的菜单中选择"弹出信息"命令。在"弹出信息"对话框中输入弹出的信息——"您尚未登录！"，单击"确定"按钮，即可在行为面板中添加一个单击事件，效果如图 8-9 所示。

图 8-8　添加页面加载事件

图 8-9　弹出消息

任务二　使用 JavaScript 制作网页特效

内置行为是一段存储好的 JavaScript 代码，但是 Dreamweaver CS6 本身提供的行为不能充分满足网页特效的制作需求。因此，我们还需要使用 JavaScript 脚本语言进行特效制作，本任务主要针对 JavaScript 的语法和特效制作进行讲解。

任务分析

本任务中使用 JavaScript 脚本语言来实现不间断循环滚动图片的特效，如图 8-10 所示。

图 8-10　不间断循环滚动效果

相关知识

1. JavaScript

JavaScript 是一种基于对象和事件驱动并具有安全性能的脚本语言。使用它的目的是与 HTML 超文本标记语言一起实现网页中的动态交互功能。JavaScript 通过嵌入或调用在标准的 HTML 语言中实现其功能。

JavaScript 是一种脚本编程语言，它的基本语法与 C 语言类似，运行时不需要单独编译，是一种浏览器就可以解释的语言，所以其具有运行快的特点。此外它还具有跨平台性，与操作环境无关，只依赖于浏览器本身，只要是支持 JavaScript 的浏览器都能正确执行。

2. JavaScript 脚本的语法格式

语法 1：

```
<script language="javascript" type="text/javascript">
        javascript 语句
</script>
```

一些低版本的浏览器不能识别<script>标记，所以可能出现把整个语句显示在浏览器中的情况，为了避免这种情况出现，可以按语法 2 的方法写。

语法 2：

```
<script language="javascript" type="text/javascript">
    <!-
        javascript 语句
    //-->
</script>
```

3. JavaScript 的常量

（1）整型常量：整型常量是不能改变的数据，可以使用十进制、十六进制、八进制表示其值。

（2）实型常量：实型常量是由整数部分加小数部分表示，可以使用科学表示法或标准方法来表示。

（3）布尔常量：布尔常量只有 True 或 False 两种值，主要用来说明或代表一种状态或标识。

（4）字符型常量：使用单引号或双引号（须用英文状态下的引号）括起来的一个或几个

字符。

（5）空值：JavaScript 中包含有一个空值 NULL，表示什么也没有。如果试图引用没有定义的变量，则返回一个 NULL。

（6）特殊字符：JavaScript 中包含以反斜杠（\）开头的特殊字符，通常称为控制字符。

4．JavaScript 的变量

变量的主要作用是存取数据、提供存放信息的容器。对于变量必须明确变量的名称、变量的类型、变量的声明以及变量的作用域。

（1）变量的名称。变量的命名规则与 C 等高级语言类似，由字母、数字和下划线构成，不能使用关键字作为变量的名称。在对变量命名时，最好将变量的意义与其代表的意思对应起来，以免出现错误。

（2）变量的声明。在 JavaScript 中，变量可以用命令 var 做声明，例如：

```
var mytest
  var mytest="This is a book"
```

在 JavaScript 中，变量可以不做声明，而在使用时再根据数据的类型来确定其变量的类型。

（3）变量的作用域。变量还有一个重要因素——变量的作用域。在 JavaScript 中有全局变量和局部变量。全局变量是定义在所有函数体之外，其作用范围是整个程序；而局部变量是定义在函数体之内，只对定义该变量的函数是可见的，而对其他函数则是不可见的。

5．JavaScript 运算符

运算符也称操作符，JavaScript 的常用运算符有：

（1）数学运算符：包含＋（加）、－（减）、*（乘）、/（除）、%（取余）、＋＋（自加）、－－（自减）。

（2）赋值运算符：=、+=、－=、*=、/=、%=。

（3）比较运算符：==、!=、>、<、>=、<=。

（4）逻辑运算符：&&、||、!。

（5）字符串连接符：＋。

6．条件语句

条件语句可以使程序按照预先指定的条件进行判断，从而选择性执行程序段。在 JavaScript 中提供 if 语句、if else 语句、switch 语句。

（1）if 语句。if 语句的语法格式如下：

```
if(表达式)
语句块
```

若表达式的值为真（true），则执行该语句块，否则跳过该语句块。如果执行的语句为一条，可以写在 if 同一行，如果执行的语句为多条，则应使用"{ }"将这些语句括起来。

（2）if else 语句。if else 语句的语法格式如下：

```
if(表达式)
    语句块 1
else
    语句块 2
```

  若表达式的值为真（true），则执行语句块 1，否则执行语句块 2。如果执行的语句为多条，则应使用"{ }"将这些语句括起来。

  举例：

```
if (a == 1) {
    if (b == 0) alert(a+b);
} else {
    alert(a-b);
}
```

  （3）switch 语句。switch 语句的语法格式如下：

```
switch(变量)
  {case 常量1:语句1;
   case 常量2:语句2;
   ……
   case 常量n:语句n;
   default:语句n+1;}
```

  7. 循环语句

  循环语句用于在一定条件下重复执行某段代码。JavaScript 中提供了多种循环语句。for 语句、while 语句、do while 语句，同时还提供了 break 语句用于跳出循环，continue 语句用于终止当前循环并继续执行一轮循环，以及标号语句。

  （1）for 语句。for 语句的语法格式如下：

```
for (<变量>=<初始值>; <循环条件>; <变量累加方法>) <语句>;
```

  本语句的作用是重复执行<语句>，直到<循环条件>为 false 为止。它的运作程序为：首先给<变量>赋<初始值>，然后判断<循环条件>（应该是一个关于<变量>的条件表达式）是否成立，如果成立则执行<语句>，然后按<变量累加方法>对<变量>作累加，再次进行条件判断；如果不成立则退出循环。这叫做"for 循环"。例如：

```
for (i = 1; i < 10; i++) document.write(i);
```

  （2）while 语句。while 语句的语法格式如下：

```
while (<循环条件>) <语句>;
```

  比 for 循环简单，while 循环的作用是当满足<循环条件>时执行<语句>。while 循环的累加性质没有 for 循环强。<语句>也只能是一条语句，但是一般情况下都使用语句块，因为除要重复执行某些语句之外，还需要一些能变动<循环条件>所涉及的变量的值的语句，否则一旦踏入此循环，就会因为条件总是满足而一直困在循环中无法出来。这种情况习惯称为"死循环"。死循环会使当时正在运行的代码、正在下载的文档停止，并且占用很大的内存，很可能造成死机，故应该尽最大的努力避免死循环。

  （3）do while 语句。do while 语句的语法格式如下：

```
    do
    执行语句
    While (表达式)
```

  do while 语句与 while 语句的差别是，先执行循环体再判断条件。当条件首先就为假时，执行一次循环体，而 while 语句不执行循环体。

（4）break 和 continue。

1）break。本语句放在循环体内，作用是立即跳出循环。

2）continue。本语句放在循环体内，作用是中止本次循环，并执行下一次循环。如果循环的条件已经不符合，则跳出循环，例如：

```
for (i = 1; i < 10; i++) {
    if (i == 3 || i == 5 || i == 8) continue;
    document.write(i);
}
```

输出结果：124679。

8．JavaScript 函数

函数是功能相对独立的代码块，该代码块中的语句被作为一个整体执行，使用函数之前，必须先定义函数，函数的定义格式如下：

```
function 函数名称(参数表)
 {
函数执行部分;
return 表达式;
 }
```

函数定义中的 return 语句用于返回函数的值。

9．JavaScript 事件

JavaScript 是一种基于对象的语言，基于对象语言的基本特征是采用事件驱动机制。事件驱动是指由于某种原因（比如鼠标点击或按键操作等）触发某项事先定义的事件，从而执行处理程序，常见的事件有以下几类：

（1）鼠标事件。鼠标事件见表 8-2。

表 8-2　　　　　　　　　　　　　　鼠　标　事　件

事件	触发原因	事件	触发原因
onClick	单击鼠标，然后放开	onMouseover	当鼠标第一次进入相关 HTML 元素占用的显示区域
onDblClick	双击鼠标	onMouseMove	进入显示区域后，鼠标在这个元素的内部移动
onMouseDown	按下鼠标按键	onMouseout	鼠标离开这个元素
onMouseUp	释放鼠标按键		

（2）键盘事件。键盘事件见表 8-3。

表 8-3　　　　　　　　　　　　　　键　盘　事　件

事件	触发原因	事件	触发原因
onKeyDown	用户按下键盘上的一个按钮	onKeyPress	当一个按钮被按下又释放时
onKeyUp	这个按钮被释放		

表 8-3 中后者不能与前两者同时存在。

（3）表单事件。表单事件见表 8-4。

表 8-4   表 单 事 件

事件	触发原因	事件	触发原因
onReset	当提交表单时触发	onSelect	当表单对象选项发生变化时触发
onSubmit	当重置表单时触发	onChange	当表单对象发生变化时

（4）文档事件。文档事件见表 8-5。

表 8-5   文 档 事 件

事件	触发原因
onLoad	当文档加载时触发
onUnload	当文档关闭时触发

10．JavaScript 对象

JavaScript 的一个重要功能就是基于对象的功能，通过基于对象的程序设计，可以用更直观、模块化和可重复使用的方式进行程序开发。

一组包含数据的属性和对属性中包含数据进行操作的方法，称为对象。比如要设定网页的背景颜色，所针对的对象就是 document，所用的属性名是 bgcolor，如 document.bgcolor="blue"，就是表示使背景的颜色为蓝色。

✎ **延伸阅读**

JavaScript 对象有其对象属性、事件和方法，用来描述该对象，JavaScript 中常用的对象有窗口对象（Window）、文档对象（Document）、位置对象（Location）、历史对象（History）。

1．属性的引用

属性的引用可以采用以下三种方式。

（1）点号调用。具体为"对象名.属性名=属性值;"如："student.age=20;"。

（2）数组下标。可以通过对象"下标"的形式对数组元素进行访问，注意数组下标标号由 0 开始而不是 1。

（3）字符串形式。通过对象"字符串"的格式访问，例如：student［"sex"］＝"male"。

2．对象方法的调用

对象方法的调用具体为"对象名.方法（);"。

〰 **任务实施**

（1）打开项目八中的站点文件夹，找到 index.html 并打开。

（2）在主页下方找到滚动图片的效果，打开代码窗口，可以看到原有页面代码中实现滚动效果采用的是<marquee>标签来，代码如下：

```
<marquee direction="left" >
<table>
    <tr>
      <td>
      <ul>
        <li><img src="images/IMG_caomei.jpg" width="160" height="88" /></li>
```

```
            <li><img src="images/获奖奖牌.jpg" width="160" height="88" /></li>
            <li><img src="images/IMG_6106.jpg" width="160" height="88" /></li>
            <li><img src="images/金银木种苗.jpg" width="160" height="88" /></li>
            <li><img src="images/shiyan.jpg" width="160" height="88" /></li>
            <li></li>
            <li></li>
        </ul>
        </td>
    </tr>
  </table>
</marquee>
```

　　此方法的不足是滚动一屏结束后，后面的图片不会马上跟上，存在一个空白期（见图8-11），页面不够美观，下面就采用一段 JavaScript 代码来完成此特效，并且中间没有空白期。

图 8-11　marquee 标签实现的滚动效果

（3）将原有代码修改如下：

```
<div class="huoban_nr" id="demo0" style= "overflow :hidden;height:140px;width:960px">
    <table>
    <tr>
      <td align="center" id="demo1">
        <table><tr>
            <td style="padding-left:5px;padding-top:2px;"><img
src=" images/ IMG_caomei.jpg" width="160" height="88" /></td>
            <td style="padding-left:5px;padding-top:2px;"><img
src="images/获奖奖牌.jpg" width="160" height="88" /></td>
            <td style="padding-left:5px;padding-top:2px;"><img
src="images/ IMG_6106.jpg" width="160" height="88" /></td>
            <td style="padding-left:5px;padding-top:2px;"><img
src="images/金银木种苗.jpg" width="160" height="88" /></td>
            <td style="padding-left:5px;padding-top:2px;"><img
src="images /shiyan.jpg" width="160" height="88" /></td>
            </tr>
            </table>
            </td>
        <td id="demo2"></td>
        </tr></table>
        <div class="clear"></div>
    </div>
    <script language="javascript" type="text/javascript">
      <!--
        var demo0=document.getElementById("demo0");
```

```
        var demo1=document.getElementById("demo1");
        var demo2=document.getElementById("demo2");
        var speed=20;//循环周期毫秒，此值越大滚动速度越慢。
        demo2.innerHTML=demo1.innerHTML
        function Marquee(){
            if(demo2.offsetWidth-demo0.scrollLeft<=0)
                demo0.scrollLeft-=demo1.offsetWidth
            else{
                demo0.scrollLeft++
                }
            }
        var MyMar=setInterval(Marquee,speed);
        demo0.onmouseover=function(){clearInterval(MyMar)}
        demo0.onmouseout=function(){MyMar=setInterval(Marquee,speed)}
        -->
    </script>
    </div>
```

（4）保存文档并预览，效果如图 8-10 所示。

 温 馨 提 示

    外面层的宽度决定了滚动框中一次能够显示的图片个数，这里将其值设为 960 像素，而每个图片的宽度是 125 像素，所以每次最多可以显示 7 张图片，可以尝试将图片增加到 7 张。而表格宽度是可以大于层宽度的，因为图片其余部分被隐藏，只显示滚动部分。另外，在设置层高度时应考虑大于图片宽度，否则图片将不能全部显示。

任务拓展

使用 JavaScript 脚本语言实现 toupiao.html 的漂浮，效果如图 8-12 所示。

新建一个 HTML 页面，输入如下代码：

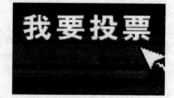

图 8-12　漂浮的广告

```
<html>
<head>
<script language=JavaScript>
function move(){
document.getElementById("Layer1").style.left= Math.random()*500;
document.getElementById("Layer1").style.top= Math.random()*500;
setTimeout("move()",800);
}
</script>
</head>
<body onload="move()"">
<DIV  id="Layer1" style="position:absolute; left:14px; top:44px; width:150px;
height:102px; z-index:1"><A href="http://www.mycom.cn"><IMG src="piaofu.jpg"
width="150" height="100" border="0"></A></DIV>
    <H2>随机漂浮的广告</H2>
    </body>
    </html>
```

项目总结

本项目学习了使用 JavaScript 脚本语言和 Dreamweaver CS6 内置行为制作网页特效的操作，给页面增色不少。除本项目所讲的特效以外，还有许多特效，如图片切换、表单验证、鼠标跟随等。同学们有兴趣可以广泛阅读各类书籍，进行更为深入的学习。

自我评测

一、选择题

（1）对于 JavaScript，以下描述正确的是（　　　）。

    A. JavaScript 不是脚本语言

    B. JavaScript 是被 Java 虚拟机执行的

    C. JavaScript 是被浏览器解释执行的

    D. JavaScript 就是 Java

（2）在 HTML 代码中嵌入 JavaScript 脚本语言的标记是（　　　）。

    A. <script>　　　　　　B. <js>　　　　　　C. <scripting>　　　D. <javascript>

二、操作题（素材参考项目八）

按照图 8-13～图 8-17 样式制作一个网页，并设置图片自动切换效果，如图 8-13 所示，图片切换后效果如图 8-14～图 8-17 所示。

图 8-13　初始效果

图 8-14　图像变换（一）

图 8-15　图像变换（二）

图 8-16　图像变换（三）

图 8-17　图像变换（四）

项目九 企业网站设计

项目分析

绿地宏坤房地产公司网站介绍的产品是住宅项目。公司管理者希望通过网站为客户提供更精准的房地产信息，从而帮助客户进行投资和置业，因此在网页的设计上希望表现出地产项目的定位和文化品位。

在网页设计制作过程中，将页面的背景设计为淡蓝色底纹，表现出页面清新自然的风格。导航栏的设计清晰明快，方便客户浏览和查找需要的信息。

本例是一个使用了 HTML 基本技术、DIV 与 CSS 层叠样式表以及 JavaScript 脚本建立的典型企业网站，如图 9-1 所示。

图 9-1 绿地宏坤房地产公司网站

相关知识

企业网站是企业在互联网上进行网络营销和形象宣传的平台，相当于企业的网络名片，不但对企业的形象是一个良好的宣传，而且可以辅助企业的销售。利用网站通过网络直接帮助企业实现产品的销售，企业也可以利用网站来进行宣传、产品资讯发布、招聘等，还可以与潜在客户建立商业联系。随着网络的发展，出现了以提供网络资讯为盈利手段的网络公司，通常这些公司的网站上提供人们生活各个方面的资讯，如时事新闻、旅游、娱乐、经济等。

1. 企业网站的分类

（1）电子商务型。电子商务型网站主要面向供应商、客户或者企业产品（服务）的消费群体，除展示形象和产品外，还可以在网站上直接实现买卖功能。这样的网站正处于电子商务化的一个中间阶段，由于行业特色和企业投入的深度广度的不同，其电子商务化程度可能处于从比较初级的服务支持、产品列表到比较高级的网上支付的其中某一阶段。通常这种类型可以形象的称为"网上××企业"，例如，网上银行、网上商城等。

（2）多媒体广告型。多媒体广告型网站主要面向客户或者企业产品（服务）的消费群体，以宣传企业的核心品牌形象或者主要产品（服务）为主。相对于普通网站而言，这种类型的网站无论从目的上还是实际表现手法上均更像一个平面广告或者电视广告，因此用"多媒体广告"来称呼这种类型的网站更为贴切。

（3）产品展示型。产品展示型网站主要面向需求商，展示自己产品的详细情况以及公司的实力，对产品的价格、生产、详细情况等做最全面的介绍。企业在注重品牌和形象的同时也要重视产品的介绍，这种类型的企业站点是展示自己产品的最直接有效的方式。

在实际应用中，很多网站往往不能简单地归为某一种类型，无论是建站目的还是表现形式都可能涵盖了两种或两种以上类型。对于这种企业网站，可以按上述类型的区别划分为不同的部分，每一个部分都基本可以认为是一个较为完整的网站类型。注意：由于互联网公司的特殊性，在这里不包含互联网的信息提供商或者服务提供商的网站。

对于企业网站，并非建立一个简单的具有展示性能的网站就可以，营销是不容忽视的一点。建立一个企业网站，核心的观点就是如何使用这个网站推进或者推动企业营销，进而实现企业的信息化管理。

2．企业网站的建站原则

（1）企业网站的系统性原则。企业网站建设不是孤立的，而是网络营销策略的基本组成部分。网站建设不仅影响着网络营销功能的发挥，也对多种网络营销方法产生直接和间接的影响，因此在网站策划和建设过程中，应该用系统的、整体的观念来看待企业网站。

（2）企业网站的完整性原则。与一般的信息传递渠道相比，企业网站是可以包含最完整内容的网络营销信息源，应该为用户提供完整的信息和服务，这也是网络营销信息传递的一般原则所决定的。企业网站的完整性包括：企业网站的基本要素合理、完整，网站的内容全面、有效，网站的服务和功能适用、方便。

（3）企业网站的友好性原则。归根结底，企业网站是为了更好地发挥其网络营销价值，友好性是以网络营销为导向的企业网站优化思想的体现，其包括三个方面：对用户友好，满足用户需求、获得用户信任；对网络环境友好，适合搜索引擎检索、便于积累网络营销资源；对经营者友好，网站管理维护方便、提高工作效率。

（4）企业网站的简单性原则。简单是企业网站专业性的最高境界。从网络营销信息传递原理来看，简单即是建造最短的信息传递渠道，使得信息传递效率最高、噪声和屏障影响最小。简单性较为抽象，是相对于复杂性而言的，并没有具体标准，往往在不同的方案对比中才能分辨出简单和复杂。例如，用最少的点击次数获得有效信息，而不是将信息隐藏在多级目录之下，就是简单的表现。

（5）企业网站的适应性原则。网络营销是一项长期的工作，不仅网站的内容和服务在不断发展变化，而且企业网站的功能和表现形式也需要适应不断变化的网络营销环境。随着经营环境和经营策略的改变，对企业网站进行适当的调整是必要的，否则会阻碍网络营销的正常开展。当经营环境发生重大变化时，比如对网络营销提出更高的需求层次时，还需要对企业网站进行全新的升级改造。

任务一　搭建站点

（1）使用 Dreamweaver CS6 搭建一个站点，分别建立 images、styles、scripts 共三个文件夹，分别用来存放图像、样式表和脚本。网站共分为 5 个页面，分别是 index.html、live.html、about.html、contact.html 和 photos.html，如图 9-2 所示。

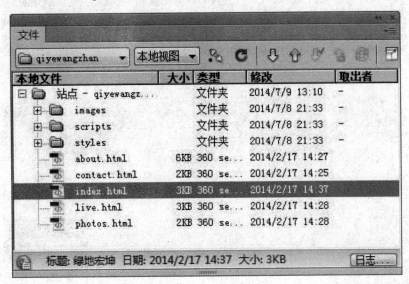

图 9-2　站点结构

（2）所有将会使用到的图片已经制作完成，并放置在 images 文件夹下。images 文件夹中的 photos 文件夹则存放了"馨语户型"这个栏目中的图片。

（3）在 scripts 文件夹下建立多个脚本文件，分别命名为 about.js、global.js、home.js、live.js、photos.js。

（4）在 styles 文件夹下建立多个样式表文件，分别为基本样式 basic.css、色彩样式 color.css、版式样式 layout.css 和印刷样式 typograghy.css。

任务二　制作页面结构

1. 制作首页 index.html 页面结构

（1）打开 index.html 文件，单击"插入"→"布局对象"→"Div 标签"，在弹出的对话框中设置"ID"为 header，如图 9-3 所示。

（2）单击"确定"按钮，Div 区块即插入到了页面中，并在标签内显示"此处显示 id header 的内容"文字，如图 9-4 所示。

（3）进入"拆分"视图，将插入点放在</div>标签的后面，单击"插入"→"布局对象"→"Div 标签"，在弹出的对话框中设置【ID】为 navigation。

（4）单击"确定"按钮，Div 区块即插入到了页面中，并在标签内显示"此处显示 id 'navigation' 的内容"文字，如图 9-5 所示。

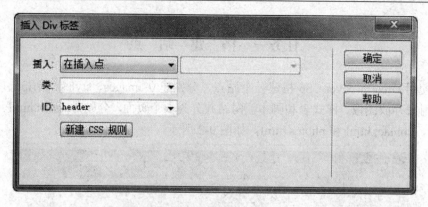

图 9-3　插入 Div 标签

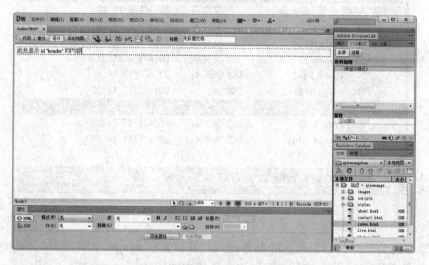

图 9-4　插入的 Div 区块 header

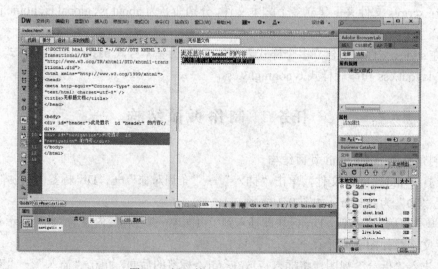

图 9-5　插入的 Div 区块 navigation

（5）删除标签内的文字，然后在这个标签中制作一个无序列表，包括"回到首页""购房指南""馨语户型""大事记"和"在线咨询"五项，如图 9-6 所示。

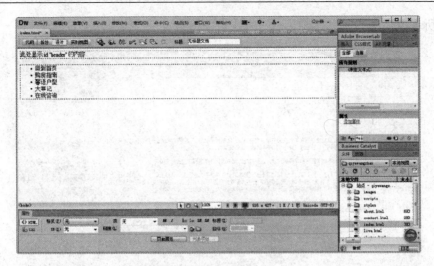

图 9-6　制作无序列表

（6）为每一个无序列表的文字制作超级链接，分别指向 index.html、about.html、photos.html live.html 和 contact.html 五个页面。

（7）进入"拆分"视图，将插入点放在</div>标签的后面，单击"插入"→"布局对象"→"Div 标签"，在弹出的对话框中设置"ID"为 content，如图 9-7 所示。

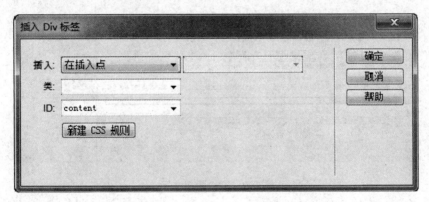

图 9-7　插入 Div 区块 content

（8）单击"确定"按钮，Div 区块即插入到了页面中，并在标签内显示"此处显示 id'content'的内容"文字。

（9）删除标签内的文字，然后输入"欢迎"文字，并在属性面板中设置"格式"为"标题 1"。然后输入正文文字，并在属性面板中设置"格式"为"段落"，"ID"为"intro"。

（10）为正文文字中的"购房指南""馨语户型""大事记"和"在线咨询"文字制作超级链接，分别指向 about.html、photos.html、live.html 和 contact.html 四个页面，如图 9-8 所示。

（11）进入"拆分"视图，将插入点放在</div>标签的后面，单击"插入"→"布局对象"→"Div 标签"，在弹出的对话框中设置"ID"为 copyright。

（12）单击"确定"按钮，Div 区块即插入到了页面中，并在标签内显示"此处显示 id'copyright'的内容"文字。

（13）删除标签内的文字，然后输入版权文字，并在属性面板中设置"格式"为"段落"，如图 9-9 所示。

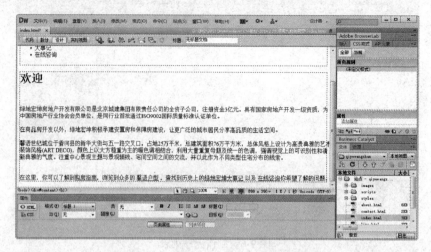

图 9-8　输入段落文字并制作超级链接

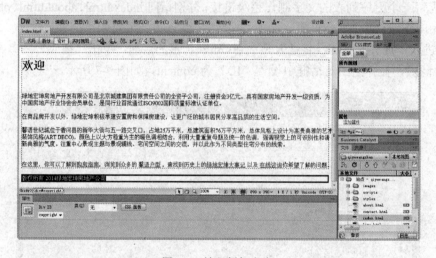

图 9-9　输入版权文字

2．制作其他页面结构

（1）将首页 index.html 分别另存为 about.html、photos.html、live.html 和 contact.html。

（2）打开 about.html 文件，将 Div content 区块内的标题文字"欢迎"改为"购房指南"。然后制作一个无序列表，包括"购房时如何看图？"和"如何做一个精明业主？"两项。并为无序列表的两项文字制作超级链接，分别指向#jay、#domsters 两个锚点，如图 9-10 所示。

（3）进入"拆分"视图，将插入点放在</ul>标签的后面，单击"插入"→"布局对象"→"Div 标签"，在弹出的对话框中设置"ID"为 jay，"类"为 section，如图 9-11 所示。

（4）单击"确定"按钮，Div 区块即插入到了页面中，并在标签内显示"此处显示 class 'section' id 'jay' 的内容"文字。

（5）删除标签内的文字，然后输入标题和正文文字，如图 9-12 所示。

（6）参照步骤（3）、（4）插入 Div domsters 区块，"类"为 section。删除标签内的文字，然后输入标题和正文文字，如图 9-13 所示。

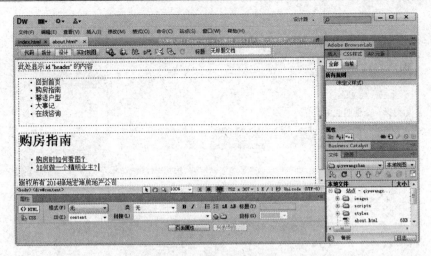

图 9-10　修改 Div content 区块内容

图 9-11　插入 Div 标签 jay

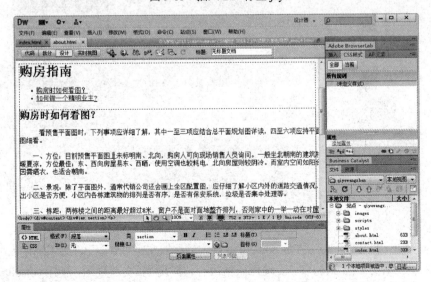

图 9-12　在 Div jay 区块输入文字

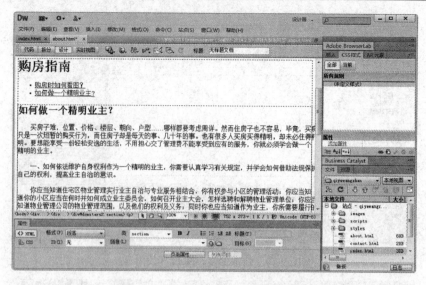

图 9-13　在 Div domsters 区块输入文字

（7）打开 photos.html 文件，将 Div content 区块内的标题文字"欢迎"改为"馨语户型"。

（8）插入 4 张图片，分别为"images/photos"文件夹下的"A1.jpg""B1.jpg""C1.jpg"和"D1.jpg"。"替换"属性分别为"A 户型""B 户型""C 户型"和"D 户型"。

（9）依次为这 4 张缩略图像制作超级链接到 4 张大图像，分别为"images/photos"文件夹下的"A.jpg""B.jpg""C.jpg"和"D.jpg"。

（10）选中这 4 张缩略图，将其设置为无序列表，并修改源代码<ul>标签为<ul id="imagegallery">，如图 9-14 所示。

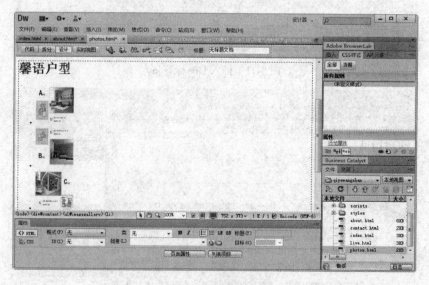

图 9-14　户型图内容

（11）打开 live.html 文件，将 Div content 区块内的标题文字"欢迎"改为"绿地宏坤大事记"。

（12）插入一个 8 行 3 列的表格，输入表格内容。打开"拆分"视图，使用<thead>和<tbody>标签区分表格的第 1 行和其他行，如图 9-15 所示。

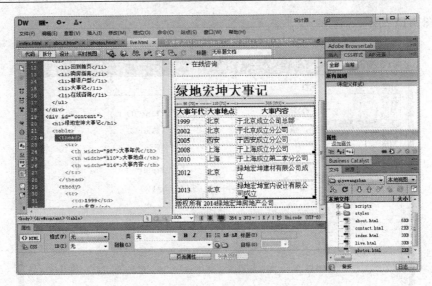

图 9-15 表格内容

（13）打开 contact.html 文件，将 Div content 区块内的标题文字"欢迎"改为"在线咨询"。

（14）单击"插入"→"表单"→"表单"，插入一个表单，将"动作"设置为#，"方法"设置为 post。

（15）制作表单内容，共分为 3 个字段："姓名""邮箱"和"咨询"。最后插入一个"提交"按钮，如图 9-16 所示。

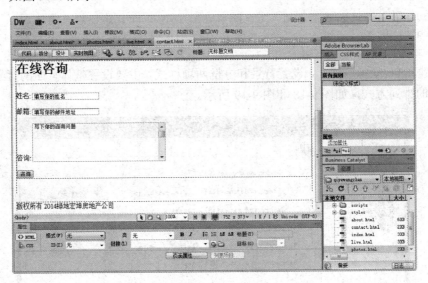

图 9-16 表单内容

任务三　制作并应用页面样式

1. 编写版式样式 layout.css

（1）在"CSS"面板中建立一个名为"*"的样式，设置"方框"的"填充"和"边界"

为 0，如图 9-17 所示。

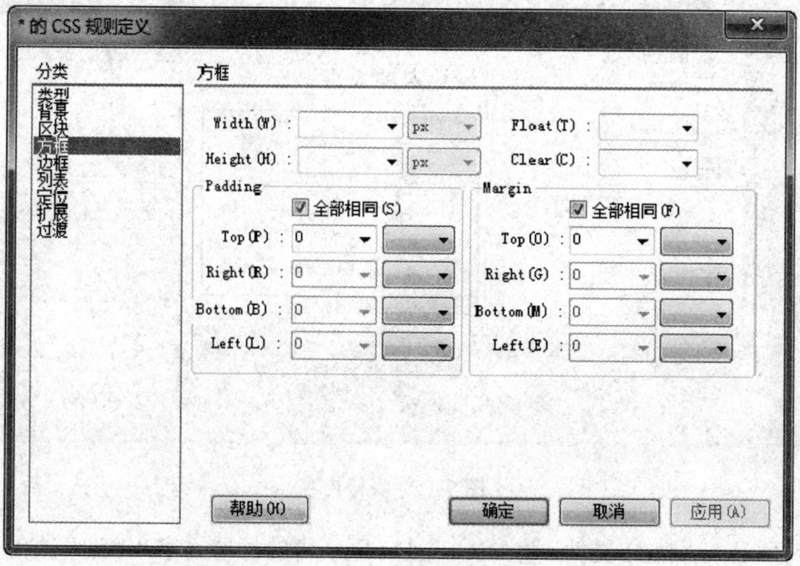

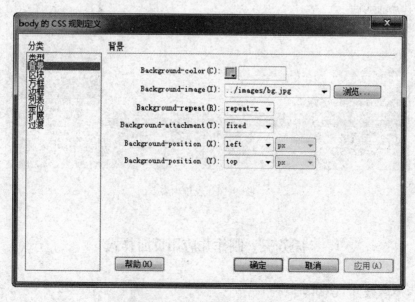

图 9-17　*规则的方框样式

在 layout.css 中的代码如下：

```
* {
padding: 0;
margin: 0;
}
```

（2）建立 body 标签样式，设置背景和方框两项样式，主要设置整体页面的背景图片以及背景图片的排列方式，如图 9-18 和图 9-19 所示。

图 9-18　body 规则的背景样式

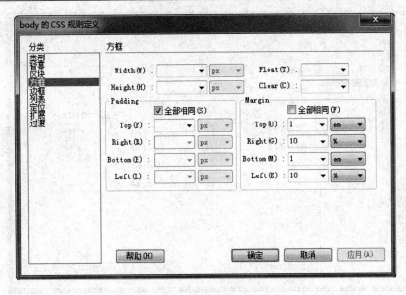

图 9-19 body 规则的方框样式

在 layout.css 中的代码如下：

```css
body {
  margin: 1em 10%;
  background-image: url(../images/bg.jpg);
  background-attachment: fixed;
  background-position: top left;
  background-repeat: repeat-x;
  max-width: 80em;
}
```

（3）建立#header 样式，设置背景、边框和方框样式。用于设置页面主体导航的位置样式，包括背景图像、背景图像的排布方式以及边框、边距的效果，如图 9-20～图 9-22 所示。

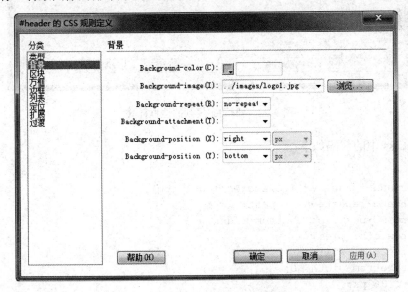

图 9-20 #header 规则的背景样式

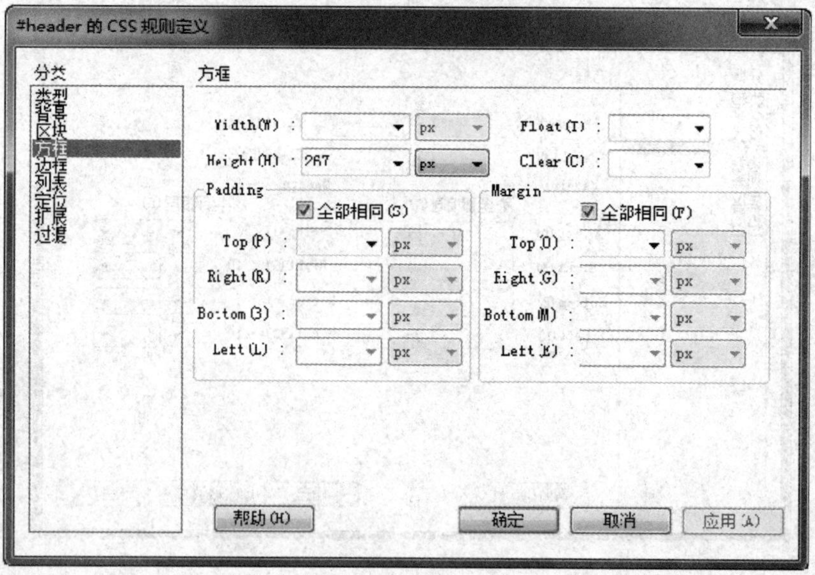

图 9-21　#header 规则的方框样式

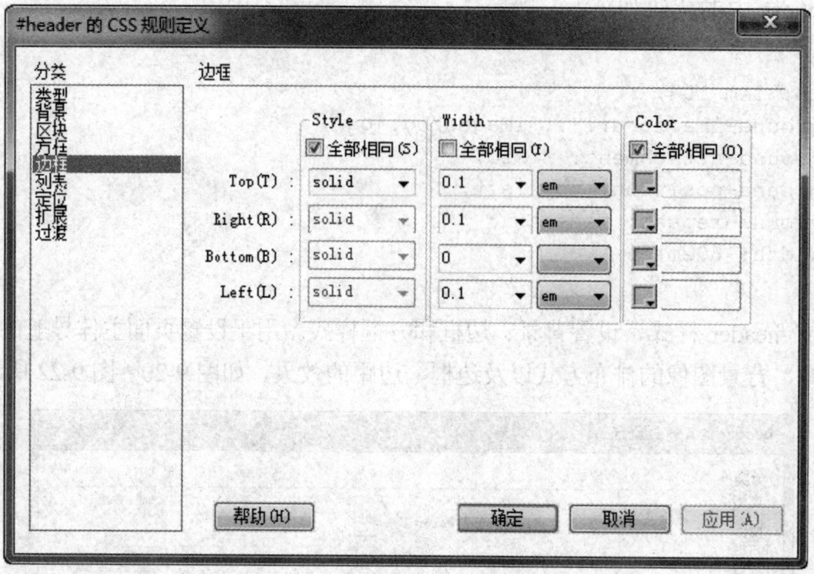

图 9-22　#header 规则的边框样式

在 layout.css 中的代码如下：

```css
#header {
  background-image: url(../images/logo1.jpg);
  background-repeat: no-repeat;
  background-position: bottom right;
  border-width: .1em;
  border-style: solid;
  border-bottom-width: 0;
  height: 267px;
}
```

（4）建立#navigation 样式，设置背景、边框和方框样式。用于设置页面主体导航的位置样式，包括背景图像、背景图像的排布方式以及边框、边距等效果，如图 9-23～图 9-25所示。

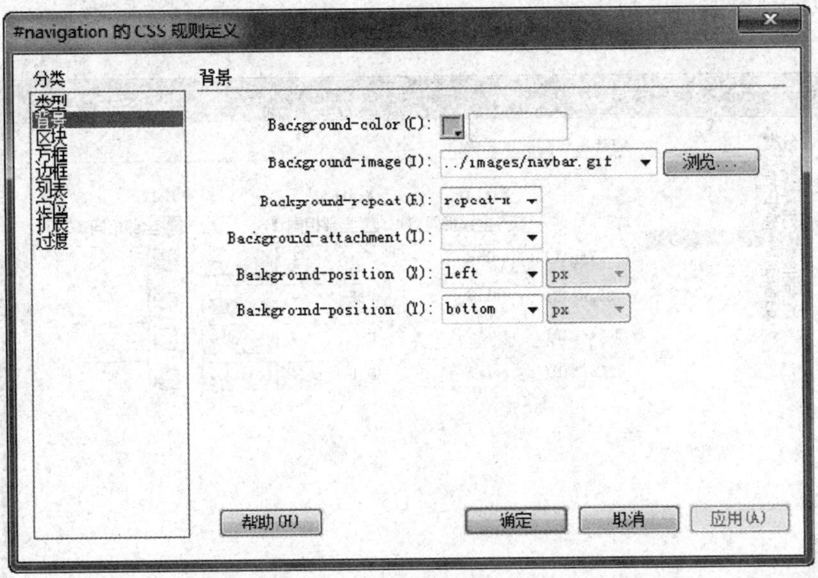

图 9-23 #navigation 规则的背景样式

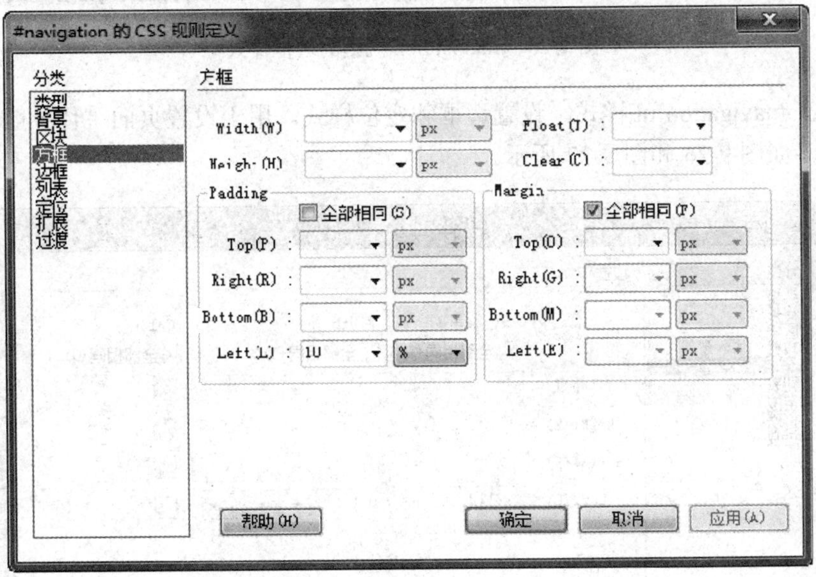

图 9-24 #navigation 规则的方框样式

在 layout.css 中的代码如下：

```css
#navigation {
  background-image: url(../images/navbar.gif);
  background-position: bottom left;
  background-repeat: repeat-x;
```

```
border-width: .1em;
border-style: solid;
border-bottom-width: 0;
border-top-width: 0;
padding-left: 10%;
}
```

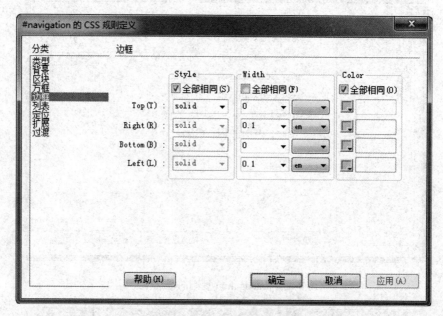

图 9-25　#navigation 规则的边框样式

（5）建立#navigation ul 样式，设置边框和定位样式。用于设置页面主体导航中无序列表的位置样式，如图 9-26 和图 9-27 所示。

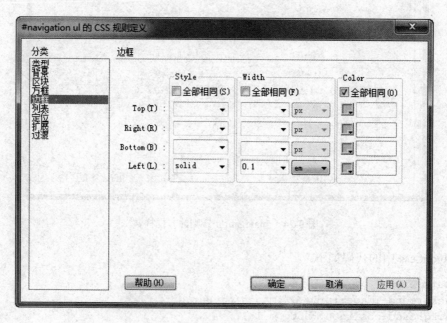

图 9-26　#navigation ul 规则的边框样式

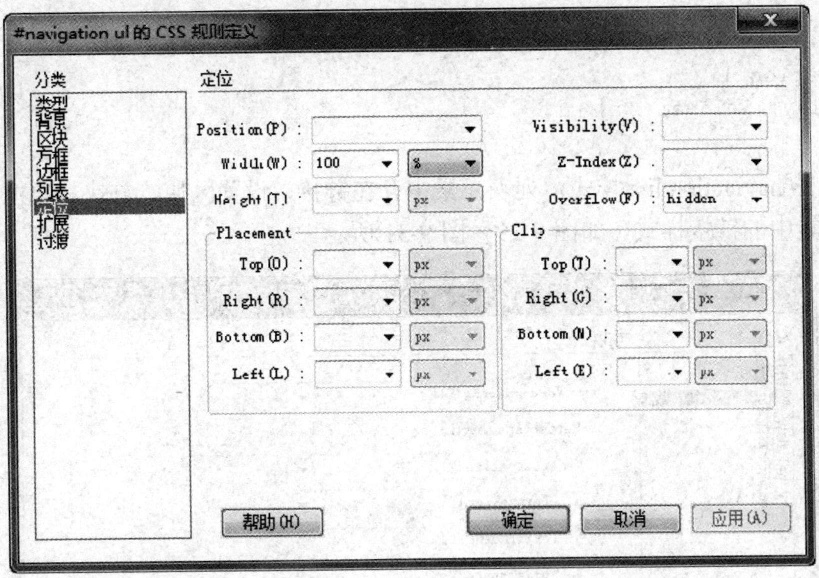

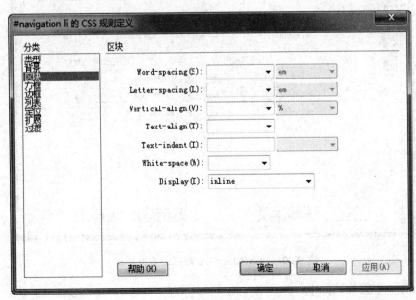

图 9-27　#navigation ul 规则的定位样式

在 layout.css 中的代码如下：

```
#navigation ul {
  width: 100%;
  overflow: hidden;
  border-left-width: .1em;
  border-left-style: solid;
}
```

（6）建立#navigation li 样式，设置区块样式。用于设置页面主体导航中无序列表中列表元素的位置样式为内联样式，如图 9-28 所示。

图 9-28　#navigation li 规则的区块样式

在 layout.css 中的代码如下：

```
#navigation li {
  display: inline;
}
```

（7）建立#navigation li a 样式，列表元素中存在链接，设置区块、方块、边框样式。用于设置列表元素中的链接样式，如图 9-29～图 9-31 所示。

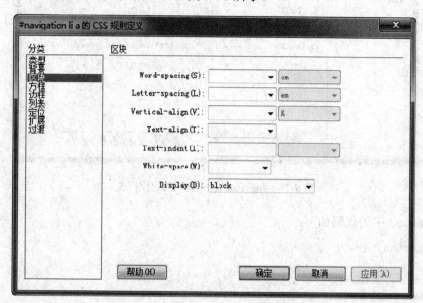

图 9-29   #navigation li a 规则的区块样式

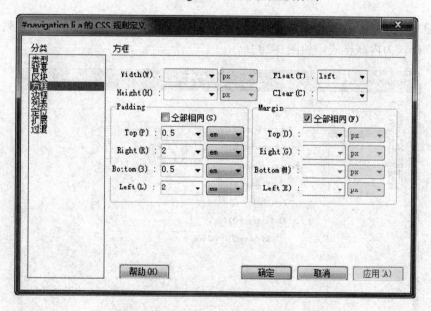

图 9-30   #navigation li a 规则的方框样式

在 layout.css 中的代码如下：

```
#navigation li a {
```

```
display: block;
float: left;
padding: .5em 2em;
border-right: .1em solid;
}
```

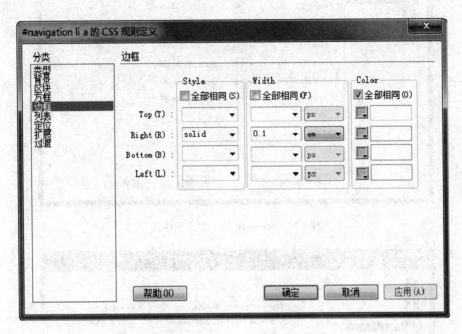

图 9-31 #navigation li a 规则的边框样式

（8）建立#content 样式，设置类型、边框和方框样式。用于设置页面主体内容的位置样式，如图 9-32～图 9-34 所示。

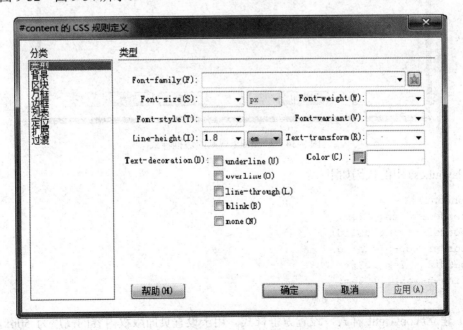

图 9-32 #content 规则的类型样式

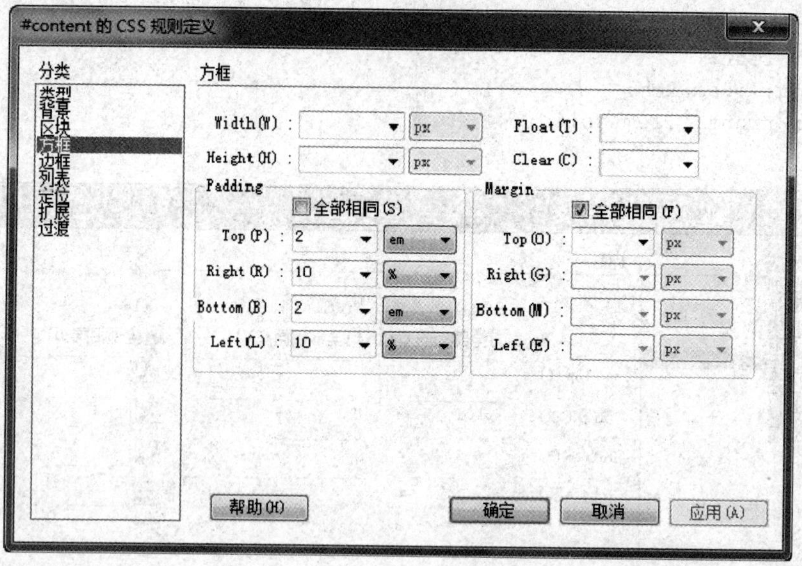

图 9-33　#content 规则的方框样式

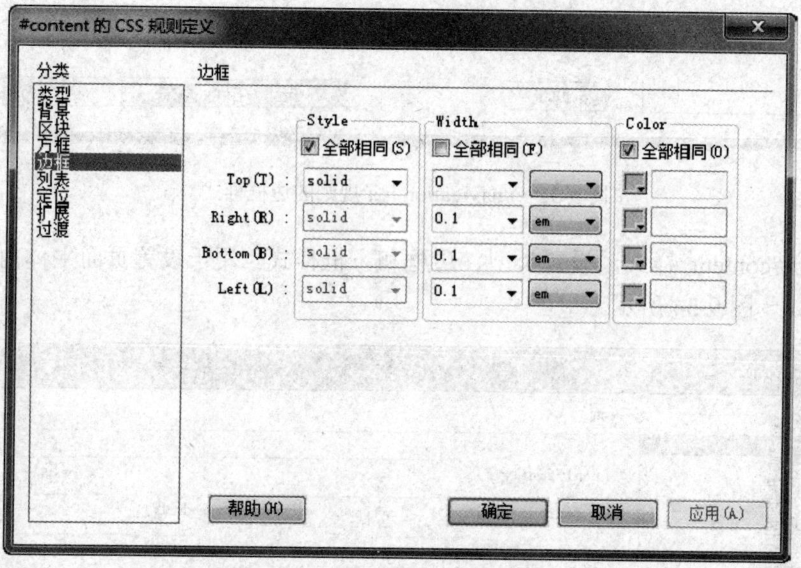

图 9-34　#content 规则的边框样式

在 layout.css 中的代码如下：

```
#content {
  border-width: .1em;
  border-style: solid;
  border-top-width: 0;
  padding: 2em 10%;
  line-height: 1.8em;
}
```

（9）建立#copyright 样式，设置方框样式。用于设置页面版权内容的高度为 50px，如图 9-35 所示。

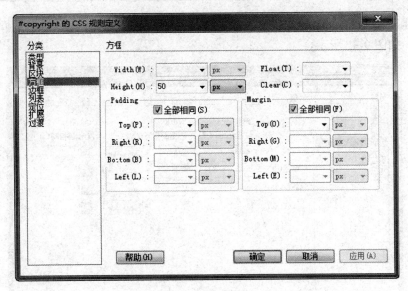

图 9-35 #copyright 规则的方框样式

在 layout.css 中的代码如下：

```
#copyright {
    height:50px;
}
```

（10）建立#copyright p 样式，设置区块样式。用于设置页面版权段落内容的文本居中对齐，如图 9-36 所示。

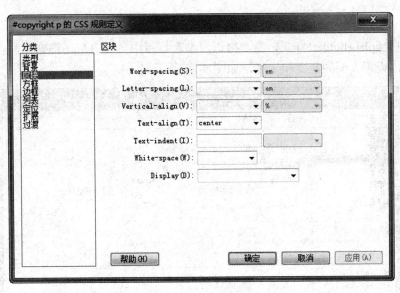

图 9-36 #copyright p 规则的区块样式

在 layout.css 中的代码如下：

```
#copyright p {
    text-align:center;
}
```

（11）建立#content img 样式，设置边框样式。用于设置页面主体内容中图像的边框为实线，0.1em，如图 9-37 所示。

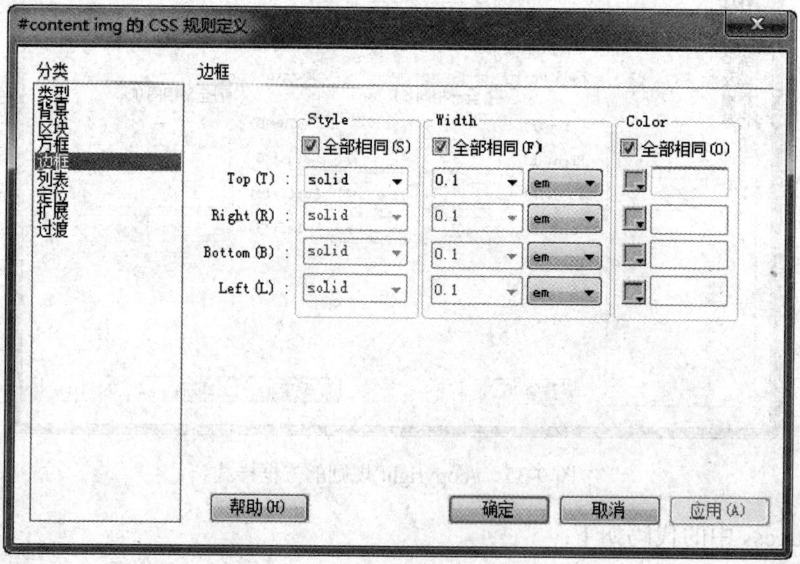

图 9-37　#content img 规则的边框样式

在 layout.css 中的代码如下：

```
#content img {
  border-width: .1em;
  border-style: solid;
}
```

（12）建立#placeholder 样式，在"馨语户型"栏目中，含有单击缩略图时在下方打开大图像的功能，设置大图的高度和宽度，如图 9-38 所示。

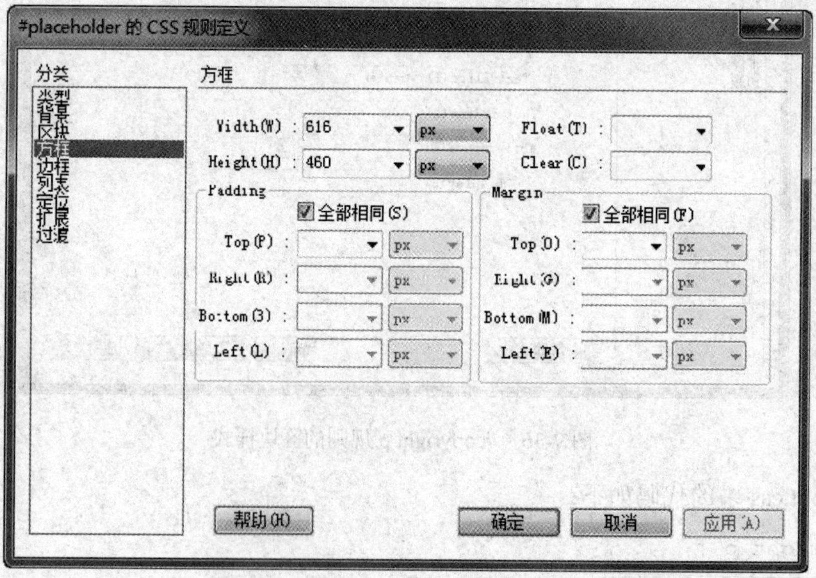

图 9-38　#placeholder 规则的方框样式

在 layout.css 中的代码如下：

```
#placeholder {
    width: 616px;
    height: 460px;
}
```

（13）建立#imagegallery li 样式，在"馨语户型"栏目中，缩略图是按照无序列表排列的，设置无序列表为行内显示，如图 9-39 所示。

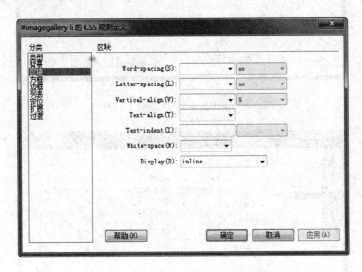

图 9-39　#imagegallery li 规则的区块样式

在 layout.css 中的代码如下：

```
#imagegallery li {
  display: inline;
}
```

（14）建立#slideshow 样式，在首页页面中的"欢迎"下方，有一个显示图像幻灯片的特效，设置显示图像的宽度、高度均为 150px，位置为相对，溢出部分为隐藏，如图 9-40 所示。

在 layout.css 中的代码如下：

```
#slideshow {
  width: 150px;
  height: 150px;
  position: relative;
  overflow: hidden;
}
```

（15）建立 img#frame 样式，设置图像幻灯片特效边框的样式，如图 9-41 和图 9-42 所示。

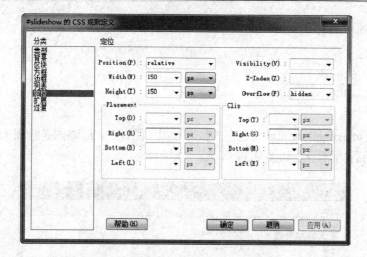

图 9-40　#slideshow 规则的定位样式

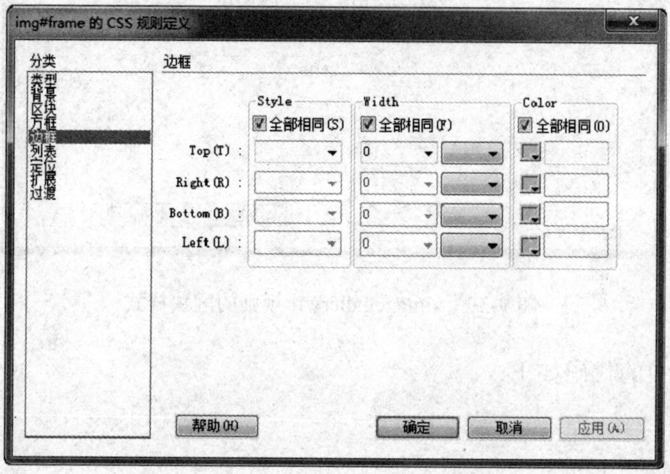

图 9-41　img#frame 规则的边框样式

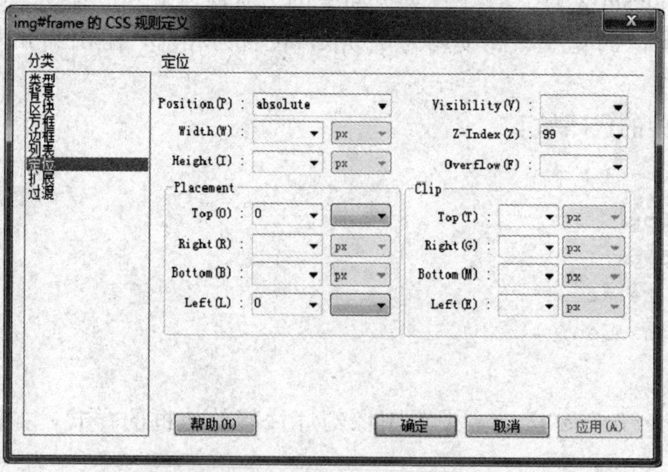

图 9-42　img#frame 规则的定位样式

在 layout.css 中的代码如下：

```
img#frame {
  position: absolute;
  top: 0;
  left: 0;
  z-index: 99;
  border-width: 0;
}
```

（16）建立 img#preview 样式，设置图像幻灯片特效边框的样式，如图 9-43 和图 9-44 所示。

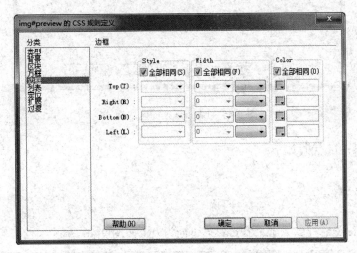

图 9-43　img#preview 规则的边框样式

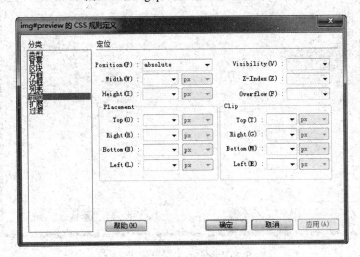

图 9-44　img#preview 规则的定位样式

在 layout.css 中的代码如下：

```
img#preview {
  position: absolute;
  border-width: 0;
}
```

（17）建立 label 样式，设置 label 的显示为块，如图 9-45 所示。

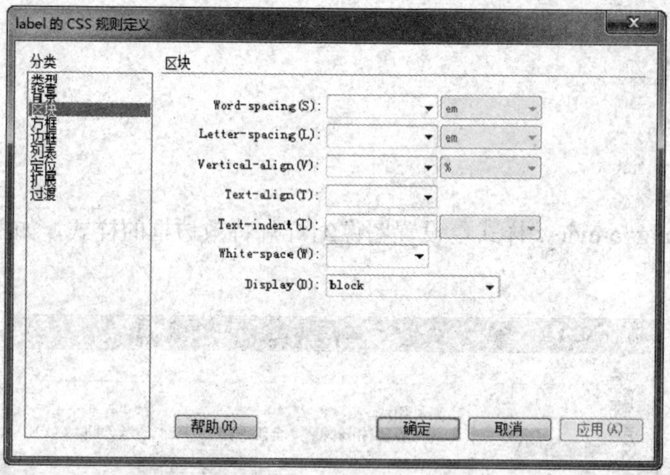

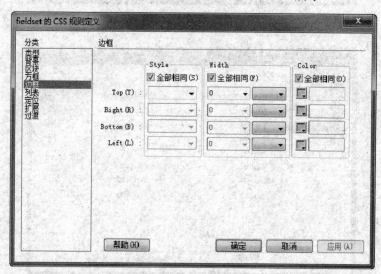

图 9-45　label 规则的区块样式

在 layout.css 中的代码如下：

```
label {
  display: block;
}
```

（18）建立 fieldset 样式，设置 fieldset 边框为 0，如图 9-46 所示。

图 9-46　fieldset 规则的边框样式

在 layout.css 中的代码如下：

```
fieldset {
  border: 0;
}
```

（19）建立 td 样式，在 "绿地宏坤大事记" 页面中，通过表格列出了具体的大事项目，设置表格的左右边框为 3em，上下边距为 0.5em，如图 9-47 所示。

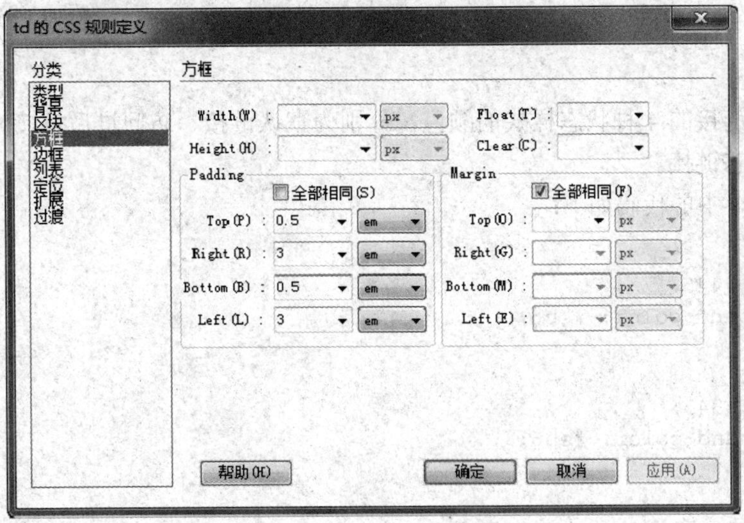

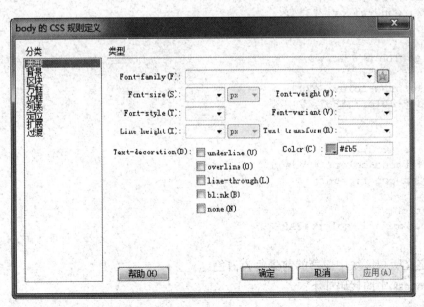

图 9-47 td 规则的方框样式

在 layout.css 中的代码如下：

```
td {
  padding: .5em 3em;
}
```

2. 编写颜色样式 color.css

（1）定义 body 标记样式的颜色，设置类型样式，指定文字颜色为#fb5，如图 9-48 所示。

图 9-48 body 规则的类型样式

在 color.css 中的代码如下：

```
body {
  color: #fb5;
}
```

（2）定义链接的 4 种状态样式的颜色，分别为默认链接、访问过后链接、鼠标上滚链接和正在激活状态链接。

在 color.css 中的代码如下：

```
a:link {
  color: #445;
  background-color: #eb6;
}
a:visited {
  color: #345;
  background-color: #eb6;
}
a:hover {
  color: #667;
  background-color: #fb5;
}
a:active {
  color: #778;
  background-color: #ec8;
}
```

（3）定义页面头部、导航、内容、版权 4 部分的前景色、背景色和边框颜色。

在 color.css 中的代码如下：

```
#header {
  color: #ec8;
  background-color: #334;
  border-color: #667;
}
#navigation {
  color: #455;
  background-color: #789;
  border-color: #667;
}
#content {
  color: #223;
  background-color: #cbdeed;
  border-color: #667;
}
#copyright {
    background-color:#2A9FFF;
}
```

（4）定义版权区块中段落的前景色为白色。

在 color.css 中的代码如下：

```
#copyright p{
    color: #FFF;
}
```

（5）定义导航区块中列表、链接和当前栏目链接的前景色、背景色和边框色。

在 color.css 中的代码如下：

```
#navigation ul {
  border-color: #99a;
}
#navigation a:link,#navigation a:visited {
  color: #eef;
  background-color: transparent;
  border-color: #99a;
}
#navigation a:hover {
  color: #445;
  background-color: #eb6;
}
#navigation a:active {
  color: #667;
  background-color: #ec8;
}
#navigation a.here:link,#navigation a.here:visited,#navigation a.here:hover,
#navigation a.here:active {
  color: #eef;
  background-color: #799;
}
```

（6）定义内容区块中图像的边框颜色。

在 color.css 中的代码如下：

```
#content img {
  border-color: #ba9;
}
```

（7）定义"馨语户型"页面中添加了链接的缩略图的背景颜色为透明。

在 color.css 中的代码如下：

```
#imagegallery a {
  background-color: transparent;
}
```

（8）定义"绿地宏坤大事记"页面中的表头、行和单元格、奇数行和单元格、高亮行和单元格的前景色和背景色。

在 color.css 中的代码如下：

```
th {
  color: #edc;
  background-color: #455;
}
tr td {
  color: #223;
  background-color: #eb6;
}
tr.odd td {
```

```
  color: #223;
  background-color: #ec8;
}
tr.highlight td {
  color: #223;
  background-color: #cba;
}
```

3. 编写印刷样式 typography.css

（1）设置整体的 body 标记样式。

在 typography.css 中的代码如下：

```
body {
  font-size: 76%;
  font-family: "Helvetica","Arial",sans-serif;
}
body * {
  font-size: 1em;
}
```

（2）设置链接的 a 标记样式。

在 typography.css 中的代码如下：

```
a {
  font-weight: bold;
  text-decoration: none;
}
```

（3）设置导航和导航中链接 a 标记的样式。

在 typography.css 中的代码如下：

```
#navigation {
  font-family: "Lucida Grande","Helvetica","Arial",sans-serif;
}
#navigation a {
  text-decoration: none;
  font-weight: bold;
}
```

（4）设置内容部分和内容段落标记的样式。

在 typography.css 中的代码如下：

```
#content {
  line-height: 1.8em;
}
#content p {
  margin: 1em 0;
}
```

（5）设置版权部分和版权段落标记的样式。

在 typography.css 中的代码如下：

```
#copyright {
```

```
  line-height: 1.8em;
}
#copyright p {
    margin: 1em 0;
}
```

（6）设置标题1和标题2文字的样式。

在 typography.css 中的代码如下：

```
h1 {
  font: 2.4em normal;
}
h2 {
  font: 1.8em normal;
  margin-top: 1em;
}
```

（7）设置"馨语户型"页面中的图像缩略图列表项的样式类型为无。

在 typography.css 中的代码如下：

```
#imagegallery li {
  list-style-type: none;
}
```

（8）设置"在线咨询"页面中的文本区域的字体。

在 typography.css 中的代码如下：

```
textarea {
  font-family: "Helvetica","Arial",sans-serif;
}
```

4. 编写 basic.css 文件

代码如下：

```
@import url(color.css);
@import url(layout.css);
@import url(typography.css);
```

5. 应用页面样式

（1）打开 index.html 页面，进入"拆分"视图，将插入点定位在</head>之前，然后单击"CSS 样式"面板中"附加样式表"按钮。弹出"链接外部样式表"对话框，在"文件/URL"中设置到 styles 文件夹中 basic.css 文件的链接，设置"媒体"为 screen，如图 9-49 所示。

（2）单击"确定"按钮后，如下代码加入到页面中：

```
<link rel="stylesheet" type="text/css" media="screen" href="styles/basic.css" />
```

（3）预览网页，可以看到 CSS 样式附加到页面的效果，如图 9-50 所示。

（4）分别打开 about.html、photos.html、live.html 和 contact.html 四个页面，使用相同的方法链接到 styles 文件夹中 basic.css 文件。预览网页，即可以看到 CSS 样式附加到这四个页面的效果。

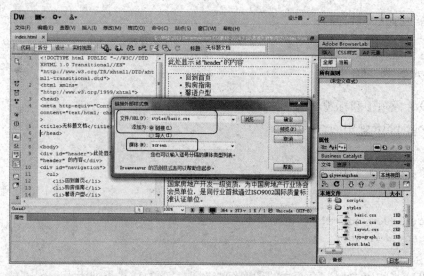

图 9-49 "链接外部样式表"对话框

图 9-50 index.html 附加 CSS 样式预览效果

任务四　制作并应用页面脚本

温馨提示

　　由于篇幅所限和脚本代码过多，无法列出所有脚本文件，可以参阅网站中的源代码文件。

1. 制作并应用 index.html 脚本

（1）制作 global.js 文件，该脚本文件为全网站页面使用的公共脚本。其中声明 addLoadEvent()函数，用于控制页面载入；声明 insertAfter()函数，控制新元素在目标元素后的插入；声明 addClass()函数，控制新元素的名称和值；声明 highlightPage()函数，控制导航栏的链接文本。

（2）首页包含一个图像滚动的幻灯片效果，通过 home.js 脚本文件实现。其中声明 moveElement()函数，控制移动元素的时间、左侧位置和顶部位置；声明 prepareSlideshow() 函数，准备幻灯片展示。

（3）打开 index.html 文件，进入"拆分"视图，将插入点定位在</head>之前，单击"插入"面板"常用"选项组中的"脚本"按钮，在打开的对话框中设置"类型"为 text/javascript 选项，"源"为 scripts/global.js，如图 9-51 所示。

（4）单击"确定"按钮，将如下代码加入到页面中：

```
<script type="text/javascript" src="scripts/global.js"></script>
```

（5）按照同样方法，将 home.js 文件也添加到 index.html 文件中，将如下代码加入到页面中：

```
<script type="text/javascript" src="scripts/home.js"></script>
```

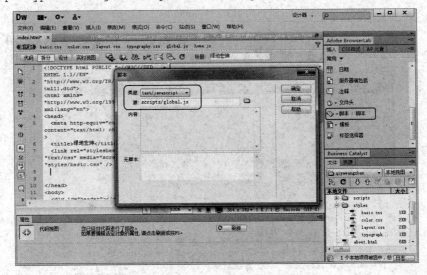

图 9-51　在 index.html 中插入脚本文件

（6）保存网页并预览，页面中会出现幻灯片效果，随着选择栏目的不同图像会发生相应变化，如图 9-52 所示。

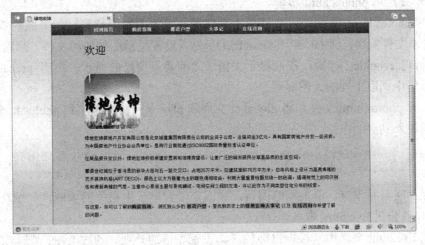

图 9-52　index.html 预览效果

2. 制作并应用 about.html 脚本

（1）在 about.html 页面中，包含一个单击栏目名称，打开栏目正文的效果，通过 about.js 脚本文件实现。其中，声明 showSection()函数，判断元素的显示和隐藏；声明 prepareIntemalnav() 函数，实现单击正文中任何一个链接时，显示相应的内容。

（2）打开 about.html 文件，将 global.js 文件和 about.js 文件添加到 about.html 文件中，将如下代码加入到页面中：

```
<script type="text/javascript" src="scripts/global.js"></script>
<script type="text/javascript" src="scripts/about.js"></script>
```

（3）保存网页并预览，默认情况下页面不显示正文内容，单击栏目标题后，将在下方显示具体内容，单击另一个栏目标题，新的内容将在同样的位置上替换已经显示的内容，如图 9-53 所示。

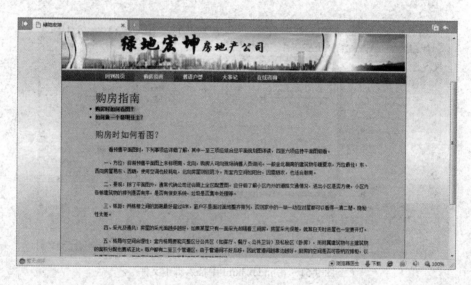

图 9-53 about.html 预览效果

3. 制作并应用 photos.html 脚本

（1）在 photos.html 页面中，实现单击缩略图在下方的固定位置显示大图的效果，通过 photos.js 脚本文件实现。其中，声明 showPic()函数，设置显示图像的源文件、标题、文字等；声明 preparePlaceholder()函数，控制显示大图像之前背景图像的显示；声明 prepareGallery() 函数，从数组中调取不同的大图显示。

（2）打开 photos.html 文件，将 global.js 文件和 photos.js 文件添加到 photos.html 文件中，将如下代码加入到页面中：

```
<script type="text/javascript" src="scripts/global.js"></script>
<script type="text/javascript" src="scripts/photos.js"></script>
```

（3）保存网页并预览，单击缩略图后，在固定位置显示出相关的大图，如图 9-54 所示。

4. 制作并应用 live.html 脚本

（1）在 live.html 页面中，根据鼠标的滚动设置表格的外观，通过 live.js 脚本文件实现。

其中，声明 stripeTables()函数，控制表格的外观；声明 highlightRows()函数，产生鼠标上滚表格高亮显示的效果；声明 displayAbbreviations()函数，依据 CSS 样式表中定义的不同 id 判断表格的不同显示效果。

（2）打开 live.html 文件，将 global.js 文件和 live.js 文件添加到 live.html 文件中，将如下代码加入到页面中：

```
<script type="text/javascript" src="scripts/global.js"></script>
<script type="text/javascript" src="scripts/live.js"></script>
```

图 9-54　photos.html 预览效果

（3）保存网页并预览，默认情况下，显示的表格的奇数和偶数行颜色不同，当鼠标滚到表格上方时鼠标指针所在的行高亮显示，如图 9-55 所示。

图 9-55　live.html 预览效果

任务拓展

将 index.html 网页文件保存为模板，在其中设置可编辑区域，然后使用模板文件创建其他网页。

本项目建立了一个使用 HTML 基本技术、DIV 和 CSS 层叠样式表以及 JavaScript 脚本的综合性网站，内容涉及网站的搭建、制作页面结构与样式、脚本的制作与应用等。

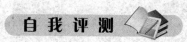

操作题

（1）请使用已经学过的知识为以下企业网站排版。

图 9-56　操作题（1）图

（2）请使用已经学过的知识为以下企业网站排版。

图 9-57　操作题（2）图

参 考 文 献

［1］刘红梅，李星华. 网页设计与制作——Dreamweaver CS4. 南京：江苏教育出版社，2011.

［2］何新起. Dreamweaver CS6 完美网页制作 基础、实例与技巧 从入门到精通. 北京：人民邮电出版社，2013.

［3］数字艺术教育研究室. 中文版 Dreamweaver CS6 基础培训教程. 北京：人民邮电出版社，2012.

［4］张国勇，邹蕾. 完全掌握 Dreamweaver CS6 白金手册. 北京：清华大学出版社，2013.

［5］胡崧，吴晓炜，李胜林. Dreamweaver CS6 中文版从入门到精通. 北京：中国青年出版社，2013.

［6］曾静娜，等. 新手学 CSS+DIV. 北京：北京希望电子出版社，2010.

［7］成林. CSS 3 实战. 北京：机械工业出版社，2011.

［8］陆凌牛. HTML 5 与 CSS 3 权威指南. 北京：机械工业出版社，2011.

［9］孙鑫，付永杰. HTML5、CSS 和 JavaScript 开发. 北京：电子工业出版社，2012.

［10］蔡伯峰. 网页设计与制作——基于工作过程. 北京：北京交通大学出版社，2010.

［11］陈承欢. 网页设计与制作任务驱动式教程. 2 版. 北京：高等教育出版社，2013.